Ankit Kumar
Satish Pal Singh Rajput

Sistema de refrigeração por compressão de vapor baseado em nano-lubrificantes híbridos

Ankit Kumar
Satish Pal Singh Rajput

Sistema de refrigeração por compressão de vapor baseado em nano-lubrificantes híbridos

ScienciaScripts

Imprint

Any brand names and product names mentioned in this book are subject to trademark, brand or patent protection and are trademarks or registered trademarks of their respective holders. The use of brand names, product names, common names, trade names, product descriptions etc. even without a particular marking in this work is in no way to be construed to mean that such names may be regarded as unrestricted in respect of trademark and brand protection legislation and could thus be used by anyone.

Cover image: www.ingimage.com

This book is a translation from the original published under ISBN 978-620-8-11685-9.

Publisher:
Sciencia Scripts
is a trademark of
Dodo Books Indian Ocean Ltd. and OmniScriptum S.R.L publishing group

120 High Road, East Finchley, London, N2 9ED, United Kingdom
Str. Armeneasca 28/1, office 1, Chisinau MD-2012, Republic of Moldova, Europe
Printed at: see last page
ISBN: 978-620-8-17437-8

Conteúdo

CAPÍTULO - 1

INTRODUÇÃO

1.1 Termodinâmica

Em física, a termodinâmica é uma ciência da energia que trata do calor, do trabalho e da temperatura. A termodinâmica é uma ciência macroscópica. A termodinâmica é amplamente utilizada na engenharia e noutros domínios. Para as aplicações de engenharia, a termodinâmica é estudada a nível macroscópico, sem ter em conta os átomos individuais. A termodinâmica é sobretudo utilizada em sistemas de aquecimento e de ar condicionado, motores térmicos, frigoríficos, humidificadores, panelas de pressão e aquecedores de água. A um nível mais alargado, os conceitos termodinâmicos desempenham um papel muito importante na conceção e análise de diferentes sistemas de engenharia. Isto inclui, mas não se limita a, conceção e otimização de motores de automóveis, sistemas de propulsão de foguetões e aviões a jato, instalações tradicionais e nucleares de produção de energia, tecnologias de captação de energia solar e considerações gerais de conceção para uma gama diversificada de veículos, desde automóveis simples a aviões a jato avançados. **A Figura 1.1** está relacionada com a aplicação da engenharia térmica.

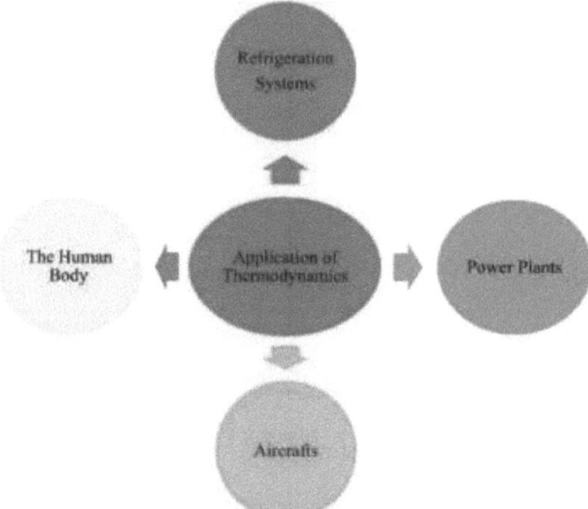

Figura 1.1 Aplicação da Termodinâmica.

1.2 Sistemas termodinâmicos

Um sistema termodinâmico é uma quantidade específica de matéria ou uma área designada no espaço, separada por uma fronteira clara que a distingue da sua envolvente. A área ou matéria fora deste sistema é designada por meio envolvente. Esta fronteira, que pode ser tangível ou hipotética, serve para delimitar o sistema do seu ambiente externo. Os limites podem variar na sua natureza, podendo ser fixos ou susceptíveis de mudar de forma. Os sistemas termodinâmicos podem ser classificados em três categorias: sistemas abertos, sistemas fechados e sistemas isolados. Num sistema aberto, tanto a massa como a energia podem ser trocadas entre o sistema e a sua envolvente. Estes sistemas incluem frequentemente dispositivos de fluxo de massa como compressores, turbinas ou bocais. Um sistema fechado, por outro lado, permite apenas a transferência de energia através da sua fronteira; nenhuma massa pode entrar ou sair. Embora o volume de um sistema fechado não seja fixo, os exemplos incluem panelas de pressão e arranjos pistão-cilindro. No sistema isolado, não só a energia como também a massa não podem atravessar a fronteira do volume de controlo. Os exemplos perfeitos de sistemas isolados são o frasco térmico e o recipiente isolado. Os diferentes tipos de sistemas termodinâmicos são apresentados na **Figura 1.2**.

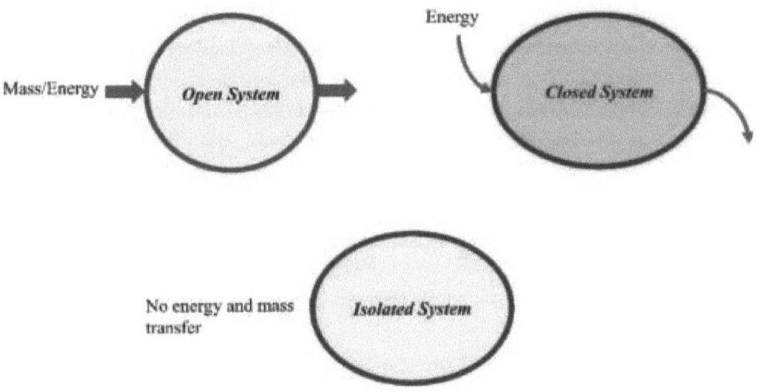

Figura 1.2 Vários tipos de sistemas termodinâmicos.

1.3 1st Lei da Termodinâmica

O primeiro princípio da termodinâmica é frequentemente conhecido como a lei da conservação da energia. De acordo com a 1st lei da termodinâmica, a energia não pode ser gerada nem destruída; no entanto, pode ser alterada de uma forma para outra. A 1st lei da termodinâmica fala sobre a quantidade de energia, mas não sobre a qualidade da energia. A primeira lei não explica a viabilidade de vários processos. No século XIX, Joule realizou uma experiência relacionada com o primeiro princípio da termodinâmica e verificou que, num sistema fechado submetido a um ciclo, a interação de trabalho é igual à interação de calor líquido. De acordo com a primeira lei, a produção líquida de trabalho durante um ciclo é igual à entrada líquida de calor.

$$\oint Q_{net} = \oint W_{net} \quad (1.1)$$

1.3.1 Processo de fluxo contínuo

O processo em que as propriedades do fluido num ponto do sistema não se alteram ao longo do tempo é conhecido como processo de fluxo constante. Assim, num processo de fluxo constante, o caudal mássico à entrada é igual ao caudal mássico à saída de qualquer dispositivo termodinâmico.

$$\sum_{in} \dot{m} = \sum_{out} \dot{m} \quad (1.2)$$

A equação do balanço de massas em termos de área, velocidade e volume específico à entrada e à saída pode ser escrita como

$$\frac{A_1 \times V_1}{v_1} = \frac{A_2 \times V_2}{v_2} \quad (1.3)$$

1.4 2nd Lei da Termodinâmica

O 2nd princípio da termodinâmica é muito importante para compreender o fluxo direcional dos processos e a dupla natureza da energia, quantitativa e qualitativa, que não é completamente abordada pela primeira lei. É extremamente importante que todos os processos sigam tanto a primeira como a 2nd lei da termodinâmica. O 2nd princípio da termodinâmica é frequentemente conhecido como lei da entropia. Além disso, a 2nd lei da termodinâmica serve como princípio fundamental para estabelecer limites teóricos para a eficiência de diversos sistemas de engenharia, como motores térmicos e sistemas de refrigeração. Também ajuda a determinar a escala das reacções químicas. Na vida real, a lei 2nd determina a perfeição dos processos termodinâmicos. Há dois enunciados muito importantes da lei da termodinâmica 2nd, um dos quais é o enunciado de Kelvin-Planck e o outro é o enunciado de Clausius. Estes dois enunciados são equivalentes entre si.

1.4.1 Declaração de Kelvin-Planck

De acordo com esta afirmação, "é impossível construir um dispositivo que funcione num ciclo para receber calor de um único reservatório e produzir uma quantidade líquida de trabalho". Por outras palavras, todos os motores térmicos têm um rendimento inferior a 100 %.

1.4.2 Declaração de Clausius

Esta afirmação está relacionada tanto com os sistemas de arrefecimento como com os sistemas de aquecimento. De acordo com esta afirmação, "é impossível construir um dispositivo que funcione num ciclo e não produza qualquer efeito para além da transferência de calor de um corpo a uma temperatura inferior para um corpo a uma temperatura superior". Esta afirmação leva ao desenvolvimento de máquinas de refrigeração.

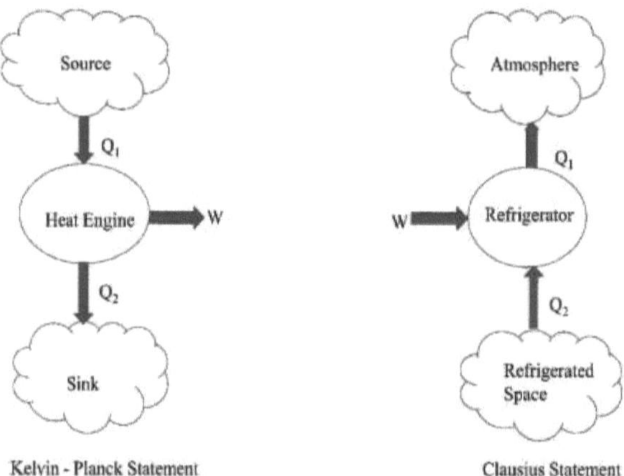

Figura 1.3 Afirmações relativas à 2nd lei da termodinâmica.

1.5 Refrigeração

A refrigeração é o termo utilizado para descrever o processo de absorção de calor de uma área, material ou sistema específico, de modo a diminuir a sua temperatura. Este processo de arrefecimento é geralmente facilitado por refrigerantes, que possuem propriedades específicas que lhes permitem absorver e dissipar eficazmente o calor. A tecnologia de refrigeração é amplamente utilizada em vários sectores, incluindo a conservação de alimentos, a refrigeração de bebidas, o ar condicionado e as operações industriais.

1.5.1 História da refrigeração

A história da refrigeração é intrigante, abrangendo séculos desde as antigas técnicas de recolha de gelo até aos actuais sistemas de refrigeração, tão comuns no nosso quotidiano. Por volta de 1000 a.C., os chineses foram dos primeiros a utilizar sistemas de refrigeração simples, armazenando gelo e neve em câmaras subterrâneas para conservar os alimentos. Da mesma forma, civilizações antigas como os gregos e os romanos utilizavam o gelo e a neve naturais das montanhas para arrefecer os seus alimentos e bebidas. Avançando para o século XVIII, começou a surgir o conceito de refrigeração artificial. Em 1748, um profissional escocês chamado William Collen da Universidade de Glasgow descobriu o conceito de refrigeração artificial ao evaporar éter etílico no vácuo para produzir um efeito de arrefecimento. Ao longo do século XIX, numerosos inovadores contribuíram significativamente para o avanço da tecnologia de refrigeração. Em 1834, Jacob Perkins foi o pioneiro do primeiro dispositivo de refrigeração bem sucedido, utilizando a compressão de vapor com um mecanismo de compressor acionado manualmente e alimentado por éter. Após esta descoberta, Gorrie inventou uma máquina de refrigeração a ar em 1851 e Linde produziu um sistema de refrigeração à base de amoníaco em 1856.

A incorporação de motores eléctricos e o consequente aumento da velocidade dos compressores expandiu significativamente as potenciais aplicações da refrigeração. Em 1858, Ferdinand Carre introduziu um sistema de refrigeração por absorção de vapor utilizando água e ácido sulfúrico (H_2SO_4) como principais fluidos de trabalho. O sistema de absorção de vapor é mais caro do que o sistema de compressão de vapor e não é muito utilizado. No ano de 1870, James Harrison introduziu o primeiro sistema VCR e desenvolveu um dispositivo de produção de gelo. No início do século XX, a tecnologia de refrigeração tinha avançado, com o desenvolvimento de refrigerantes mais seguros, como o Freon, na década de 1920.

Esta época assistiu também à introdução generalizada de frigoríficos eléctricos nas casas, que substituíram os anteriores tipos que utilizavam blocos de gelo. A tecnologia de refrigeração continuou a desenvolver-se rapidamente na metade do século XX devido a desenvolvimentos na eletrónica, materiais e conservação de energia. A refrigeração passou a ser amplamente utilizada em muitos sectores e residências devido ao desenvolvimento de refrigerantes sintéticos, como os clorofluorocarbonetos (CFC), em meados do século XX.

No entanto, as preocupações com o impacto ambiental dos CFC, em especial o seu papel na destruição da camada de ozono, levaram ao desenvolvimento de fluidos frigoríficos alternativos, como os (HCFC) e os (HFC). Mais recentemente, tem havido uma atenção crescente aos refrigerantes naturais, como o amoníaco, o dióxido de carbono e os hidrocarbonetos, devido ao seu menor impacto ambiental. A tecnologia de refrigeração continua a desempenhar um papel importante na conservação dos alimentos, na investigação médica e nos cuidados de saúde, bem como no conforto interior. Desde as origens humildes da colheita de gelo até aos sofisticados sistemas de refrigeração do século XXI, a história da refrigeração exemplifica a criatividade e inovação humanas com o objetivo de preservar e melhorar o nosso modo de vida.

1.5.2 Cenário indiano da refrigeração

Tanto os CFC como os HCFC têm sido utilizados nos mercados indianos de refrigeração nos últimos 70 anos. Devido às causas da destruição da camada de ozono, o Protocolo de Montreal proibiu os CFC e os HCFC. Durante o ano de 1987, a maioria dos países do mundo assinou o Protocolo de Montreal para uma redução de 50% dos clorofluorocarbonetos (CFC) até ao ano de 1998. Mais tarde, foi acordado que todos os CFC seriam eliminados até 1995 e os HCFC até 2030. Devido aos seus efeitos nocivos sobre a camada de ozono, os (HCFC) e os (CFC) foram progressivamente eliminados nos países desenvolvidos, enquanto os países em desenvolvimento, como a Índia, estão em vias de eliminar progressivamente os refrigerantes CFC e HCFC.

1.5.3 Tipos de sistemas de refrigeração

A nível mundial, existem quatro tipos de sistemas de refrigeração que são frequentemente utilizados.

* Sistema de videogravação.
* Sistema VAR.
* Arrefecimento por evaporação.
* Refrigeração termoeléctrica.

1.5.4 Aplicações dos sistemas de refrigeração

Nos tempos antigos, os dispositivos de refrigeração eram utilizados para conservar alimentos e bebidas. No entanto, devido à civilização e à urbanização, os sistemas de refrigeração estão agora difundidos em várias disciplinas, actuando como equipamento essencial numa vasta gama de aplicações. A seguir, são apresentadas as principais aplicações dos sistemas de refrigeração. **A Figura 1.4** está relacionada com as aplicações do sistema de refrigeração.

* Arrefecimento urbano.
* Indústrias envolvidas em processos e produtos químicos.
* Indústria farmacêutica
* Indústria alimentar e das bebidas
* Centros de dados
* Frigoríficos de uso doméstico
* Criogenia
* Médico

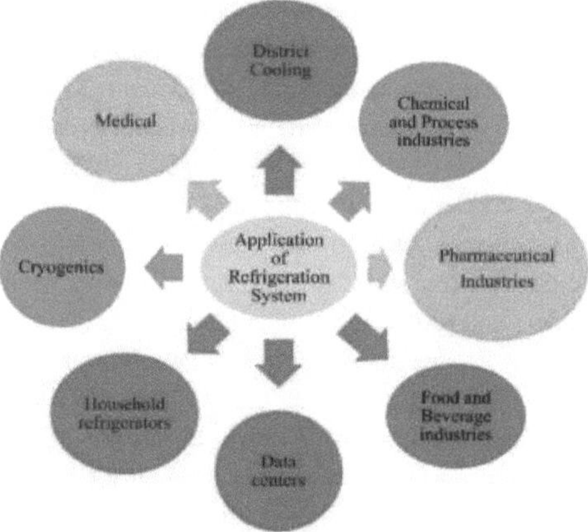

Figura 1.4 Aplicação dos sistemas de refrigeração.

1.6 Ciclo de Carnot invertido

O ciclo de Carnot invertido é um ciclo 100% reversível e consiste em 4 processos internamente reversíveis. Envolve dois processos isotérmicos e dois processos adiabáticos (ou isentrópicos) reversíveis, mas numa ordem inversa à do ciclo de Carnot convencional. Os sistemas de refrigeração que funcionam com base no ciclo de Carnot invertido são designados por frigoríficos de Carnot e são bem conhecidos pela sua eficiência, particularmente quando funcionam dentro de intervalos de temperatura específicos. Este ciclo específico é frequentemente utilizado como referência para avaliar a eficiência de ciclos de refrigeração práticos. Os seus elementos principais incluem o evaporador, o compressor, o condensador e a válvula de expansão. Durante este ciclo, o fluido de trabalho, frequentemente referido como refrigerante, sofre uma compressão reversível no compressor, seguida de uma condensação isotérmica no condensador. Subsequentemente, o fluido expande-se de forma reversível no motor de expansão antes de sofrer uma evaporação isotérmica no evaporador, o refrigerante absorve calor no evaporador a partir do seu ambiente. O diagrama esquemático do ciclo de Carnot invertido é apresentado na **Figura 1.5**.

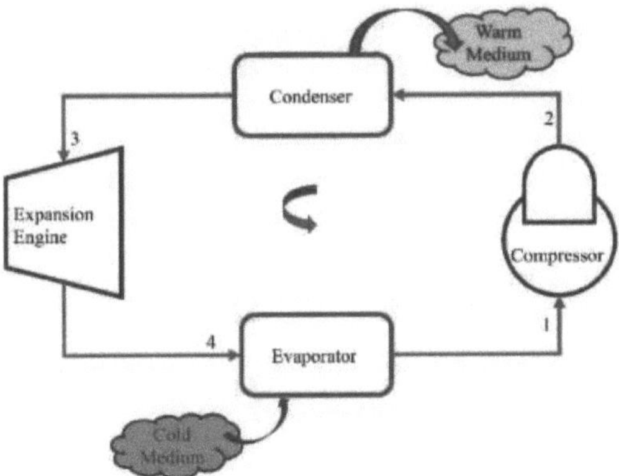

Figura 1.5 **Diagrama** esquemático do ciclo de Carnot invertido.

1.6.1 Ciclo de refrigeração por compressão de vapor ideal

Nos sistemas de refrigeração actuais, o componente expansor é frequentemente substituído por uma válvula de estrangulamento, principalmente devido à recuperação de energia limitada, que não justifica a despesa associada à integração de um motor. Em vez disso, é utilizado um tubo capilar para o processo de expansão, reduzindo efetivamente a pressão do nível do condensador para o do evaporador. O ciclo VCR destaca-se como o ciclo mais comummente utilizado em frigoríficos, sistemas de ar condicionado e bombas de calor. Este ciclo compreende 4 processos essenciais: compressão adiabática reversível (1-2), rejeição de calor a pressão constante reversível no condensador (2-3), expansão isentálpica (3-4) e absorção de calor a pressão constante reversível no evaporador (4-1).

Neste processo (1-2), a temperatura e a pressão do refrigerante aumentam com a ajuda do compressor. No caso ideal, a compressão seca é preferível, caso contrário a compressão húmida danificará a válvula e a cabeça do cilindro do compressor e o refrigerante, que é o fluido de trabalho, entra no compressor no estado 1 como vapor saturado seco. Devido à compressão adiabática reversível, a temperatura e a pressão do refrigerante aumentam. O condensador arrefece o fluido frigorigéneo a alta pressão e alta temperatura, rejeitando a energia térmica para a atmosfera.

O ambiente pode fazer circular água fria, ar ou qualquer outro meio que capte efetivamente o calor. Durante esta fase, a temperatura do fluido de trabalho é superior à temperatura ambiente. Além disso, o fluido de trabalho é expandido na válvula de expansão. Após a expansão, o líquido refrigerante retira calor do meio frio e evapora-se totalmente, captando o calor do espaço refrigerado. O fluido de trabalho num ciclo VCR ideal sai do evaporador como vapor saturado, regressa ao compressor e completa o ciclo. No cenário de um processo internamente reversível, a transferência de calor é apresentada pela área delimitada pela curva do processo, como mostrado na **Figura 1.7 (b)** do diagrama Temperatura-Entropia. A energia que o refrigerante no evaporador absorve é mostrada pela Curva 4-1. O calor rejeitado no condensador é indicado pela curva 2-3.

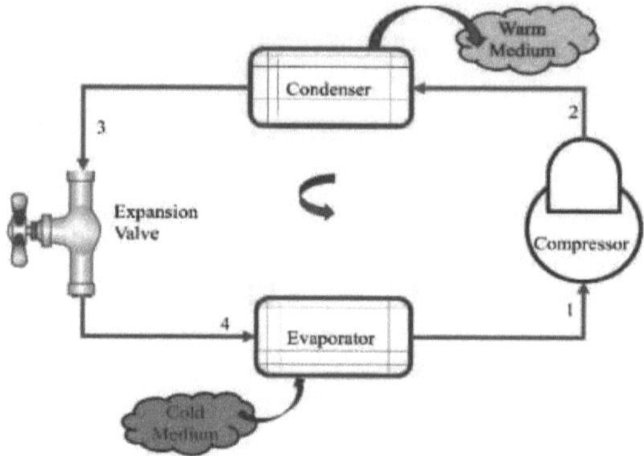

Figura 1.6 Diagrama esquemático do ciclo ideal do videogravador.

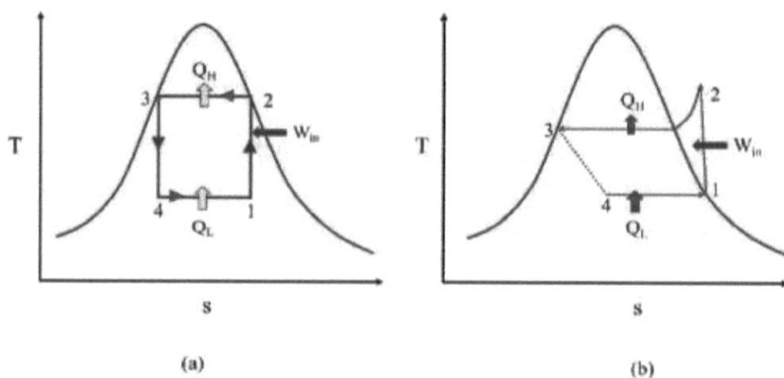

Figura 1.7 (a) Diagrama T-s para o ciclo de Carnot invertido. **(b)** Diagrama T-s para o ciclo VCR ideal.

1.7 Compressor

O compressor é o principal componente de um sistema VCR. Um compressor é um dispositivo que pressuriza e mantém a circulação do refrigerante, tal como uma bomba. O compressor comprime o vapor refrigerante de baixa pressão do evaporador para uma pressão mais alta no condensador. A compressão mecânica pode ser utilizada para comprimir o vapor que entra do evaporador para a pressão do condensador. São utilizados vários tipos de compressores em diferentes aplicações, incluindo compressores alternativos, compressores centrífugos e compressores de fluxo axial. Para instalações de grande capacidade, são utilizados compressores centrífugos. O compressor mais comummente utilizado no sistema de refrigeração por compressão de vapor é o compressor alternativo hermeticamente selado.

1.7.1 Compressor alternativo hermeticamente selado

Sempre que os compressores alternativos são acionados por um motor elétrico selado na caixa do compressor, estes compressores alternativos são designados por compressores herméticos. Sempre que é necessária uma maior capacidade, um maior número de compressores herméticos dispostos em conjunto numa determinada unidade de refrigeração ou de ar condicionado é designado por compressor semi-hermético. Numa configuração normal de compressor, a cambota liga-se ao motor de acionamento passando através da caixa do compressor. A instalação de um vedante no ponto em que o veio sai da caixa do compressor é crucial para impedir a infiltração de ar para o interior e a fuga de refrigerante para o exterior. Este vedante protege a integridade do sistema, mantendo-o eficiente e evitando fugas de fluido frigorigéneo ou entradas de ar indesejadas. Com o melhor tipo de vedantes, a fuga desenvolve-se com o funcionamento do compressor. O compressor e o motor são encerrados num único invólucro para evitar qualquer possível fuga de refrigerante; este tipo de compressor é conhecido como compressor hermeticamente fechado.

Figura 1.8 Compressor hermeticamente selado.

1.8 Condensadores

O condensador é um componente importante nos sistemas de refrigeração, que requer uma atenção meticulosa durante as fases de conceção e construção, respetivamente. A sua função principal é extrair o calor do refrigerante, que foi absorvido do evaporador e composto pelo compressor, e depois converter este refrigerante do estado de vapor para o estado líquido. No sistema de refrigeração, o condensador funciona como um permutador de calor, facilitando a passagem de calor do vapor a uma temperatura elevada para um meio a uma temperatura mais baixa. Normalmente, a água ou o ar são utilizados como agente de arrefecimento nesta operação. O condensador é um componente essencial do ciclo de refrigeração porque facilita a transferência de calor, o que permite que o refrigerante passe de um estado de vapor a grande temperatura para um estado líquido a pequena temperatura, onde está pronto para ser recirculado no sistema. Os condensadores são classificados de acordo com o tipo de meio de arrefecimento utilizado no processo.

- Condensadores de tipo arrefecido a ar.
- Condensadores de tipo arrefecido a água.
- Condensadores do tipo evaporativo.

1.8.1 Condensadores arrefecidos a ar

Neste condensador, o ar serve de meio para a condensação. Este processo envolve a transferência do calor transportado pelo vapor de refrigerante para o ar circundante, aumentando a temperatura do ar. A circulação do ar é realizada por sopradores ou ventiladores, ou por convecção que ocorre naturalmente. São necessárias áreas de superfície de condensação maiores quando é utilizada a circulação natural do ar, uma vez que a quantidade de ar que circula sobre o condensador é normalmente limitada. Estes condensadores funcionam melhor em aplicações de menor escala, como congeladores e frigoríficos domésticos, devido à sua menor capacidade.

1.8.2 Condensadores arrefecidos a água

O condensador arrefecido a água utiliza a água como meio de condensação. Este tipo de condensadores é constituído por um invólucro cilíndrico no qual estão presentes várias folhas de tubos rectos. A água de condensação é circulada através do tubo e um vapor refrigerante de alta temperatura entra no ponto mais alto do invólucro e condensa quando entra em contacto com a água e a água condensada é drenada na parte inferior. Para aumentar a eficiência, é fornecido um grande número de tubos e a água passa duas vezes.

1.8.3 Condensadores evaporativos

Quando há escassez de água e não há instalações de drenagem, estes condensadores são mais ideais. Utilizando um ventilador de seca induzida através da serpentina de condensação e do spray de água, o ar é puxado da abertura no fundo do tanque. Assim, num condensador evaporativo, tanto o ar como a água servem como meio de condensação. A água líquida é pulverizada através dos bicos, e o calor latente da evaporação da água é extraído do refrigerante com a ajuda de uma bomba na superfície da bobina de condensação. A quantidade de água necessária é reduzida através da transferência de calor pela evaporação da água. Com a utilização de um eliminador, as partículas de água transportadas pelo ar são eliminadas.

1.9 Evaporadores

Num sistema VCR, o evaporador tem um papel muito importante no processo de arrefecimento. Funciona como um permutador de calor, permitindo que o líquido refrigerante de baixa pressão entre a partir da válvula de expansão e evapore, absorvendo o calor do ambiente circundante. A absorção de calor leva o fluido frigorigéneo a mudar o seu estado de líquido para vapor a baixa pressão. Como consequência, o ambiente circundante, como o ar ou a água, arrefece, obtendo-se o efeito de refrigeração desejado. Os evaporadores estão disponíveis numa variedade de formas e tamanhos para satisfazer diversas aplicações e requisitos de arrefecimento em sistemas de refrigeração. Os evaporadores podem ser classificados de acordo com o método de alimentação de líquido como

- Evaporador de expansão seco.
- Evaporador inundado.
- Evaporadores de superfície alargada.

1.9.1 Evaporador de expansão a seco

Nestas configurações do evaporador, o fornecimento de refrigerante líquido ao evaporador é limitado à quantidade que pode vaporizar completamente antes de chegar à extremidade do evaporador, assegurando que apenas o refrigerante vaporizado entra na linha de sucção. Os sistemas de Taxa de Capacidade Variável (VCR), que controlam o fluxo de refrigerante, normalmente empregam uma válvula de expansão termostática (TEV) ou um tubo capilar. Os evaporadores de expansão a seco têm uma eficiência inferior à dos evaporadores inundados. No entanto, são simples de criar, compactos e têm um baixo custo inicial. Os evaporadores de expansão a seco são normalmente utilizados com refrigerantes de halocarbonetos.

1.9.2 Evaporador inundado
Nos evaporadores inundados, todo o espaço é preenchido com líquido refrigerante. Nos evaporadores inundados, o líquido refrigerante envolve completamente a superfície de transferência de calor. A porção de refrigerante líquido bombeada através do evaporador é muito maior do que aquela que pode ser vaporizada. Os evaporadores inundados são mais frequentemente utilizados em sistemas multi-evaporadores.

1.9.3 Evaporadores de superfície alargada
A fim de reduzir o coeficiente de transferência de calor, foram utilizadas superfícies expandidas nos evaporadores, tanto no lado do refrigerante como no lado do meio arrefecido.

1.10 Dispositivos de expansão
O dispositivo de expansão é a parte mais importante de qualquer sistema de videogravador. Segue-se uma lista das funções executadas pelo dispositivo de expansão:
* Reduz a pressão e a temperatura do condensador para o evaporador.
* Deve controlar o fluxo de refrigerante de acordo com a carga do evaporador.

Segue-se um resumo dos diferentes dispositivos que são utilizados para realizar as tarefas acima mencionadas:
1. Tubo capilar.
2. Válvula de expansão termostática.

1.10.1 Tubo capilar
Este dispositivo só é adequado para equipamentos de pequena capacidade, como frigoríficos domésticos, refrigeradores de água e pequenos congeladores comerciais. Este tubo é um tubo de pequeno diâmetro que liga o condensador ao evaporador. A queda de pressão necessária (diferença de pressão entre as pressões do condensador e do evaporador) é produzida pela elevada resistência à fricção fornecida por um tubo de diâmetro minúsculo. Um tubo capilar é um comprimento de tubo de diâmetro pequeno, com diâmetro interno de 1/16 a 1/8 polegada, localizado à frente do evaporador. A queda de pressão através do tubo capilar depende do diâmetro e do comprimento, pelo que o tubo capilar é fixo para um conjunto específico de condições de funcionamento. Embora as variações normais da pressão de aspiração e de descarga permitam que o tubo capilar se ajuste a pequenas variações de carga, o tubo capilar não é capaz de funcionar em sistemas em que são comuns e frequentes alterações de carga suficientes, pelo que o acumulador se encontra na linha de aspiração para oferecer proteção ao compressor.

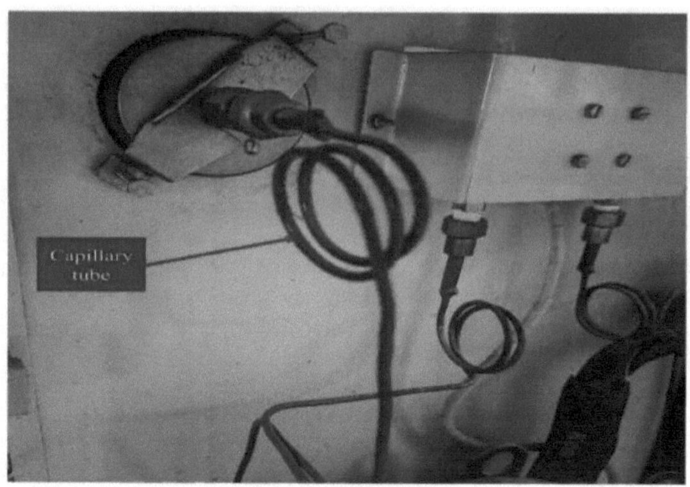

Figura 1.9 Tubo capilar.

1.10.2 Válvula de expansão termostática (TEV)

Esta válvula desempenha um papel crucial na regulação do caudal do fluido de trabalho através do evaporador para assegurar que o vapor que sai do evaporador permanece consistentemente sobreaquecido. A sua função é orientada para a manutenção de um nível constante de sobreaquecimento à saída do evaporador. Ao regular o fluxo de refrigerante desta forma, o TEV facilita a manutenção da quantidade desejada de superaquecimento na saída do evaporador durante todo o seu funcionamento. À medida que a mistura de refrigerante líquido e flash passa dentro da válvula de expansão, o refrigerante líquido ferve a uma temperatura constante até se tornar vapor saturado. Esta mudança de estado é crítica no ciclo de refrigeração porque permite que o refrigerante passe de uma fase líquida para uma fase de vapor, permitindo-lhe absorver calor no evaporador e continuar o processo de arrefecimento de forma eficiente. Um ligeiro aquecimento adicional sobreaquece o vapor, assegurando assim o estado de gás seco.

Um TEV funciona em resposta a três pressões diferentes:

1. A pressão do bolbo térmico, que está ligado à linha de sucção na saída da serpentina de arrefecimento, actua de um lado no elemento termostático e tende a abrir a válvula.

2. A pressão do evaporador actua do outro lado e tende a fechar a válvula.

3. As pressões da mola que podem ser mecanicamente ajustadas à ação da válvula.

1.10.3 Funcionamento do TEV

Normalmente, é utilizado no bolbo um refrigerante semelhante ao utilizado no sistema de refrigeração e, por conseguinte, a válvula é sujeita a pressões iguais em ambos os lados, quando a temperatura à saída da bobina é a mesma que à entrada da bobina, mas a pressão da mola ajuda a pressão do evaporador e a válvula estrangula, reduzindo o fluxo de refrigerante para o evaporador quando se desenvolve um superaquecimento suficiente na linha de sucção, o refrigerante mais líquido do bolbo passa para o evaporador. Quando a pressão de descarga do compressor excede um limite crítico, o compressor pára de funcionar, desligando o fornecimento de eletricidade ao motor do compressor. Isto é necessário para evitar possíveis danos. O corte de alta pressão consiste num fole ligado ao lado do condensador. Assim que a pressão de descarga ultrapassa o limite crítico superior, o fole move-se para cima, fazendo com que a alavanca suba e desligue as ligações. E quando a pressão de descarga desce abaixo do limite crítico da unidade, os foles contraem-se e ligam o motor do compressor. O funcionamento do corte de baixa pressão é exatamente igual ao do corte de alta pressão, exceto que o compressor é desligado quando a pressão da linha de aspiração desce abaixo de um valor pré-determinado. Consiste num fole ligado ao lado do evaporador. Quando a pressão no evaporador desce abaixo do valor pré-determinado, o fole da válvula é suprimido e as ligações são interrompidas. Para controlar as temperaturas e para fins de segurança, é necessário um corte de baixa pressão. A perspetiva de uma diminuição da pressão de aspiração do compressor resulta de uma diminuição súbita da carga no sistema de refrigeração.

1.10.4 Termóstato
Num determinado sistema de refrigeração, é necessário manter uma temperatura desejada. A temperatura do sistema não deve aumentar ou diminuir acima ou abaixo da temperatura predeterminada. Isto pode ser feito por um termóstato que liga o compressor quando a temperatura do espaço refrigerado sobe acima do valor pré-determinado, de modo a obter um efeito de refrigeração e a arrefecer o espaço refrigerado, e que pára o compressor quando o espaço refrigerado é arrefecido abaixo da temperatura pré-determinada. Assim, a temperatura no espaço refrigerado é mantida constante.

1.10.5 Filtro secador da linha de líquidos
O filtro secador da linha de líquido tem uma dupla função no sistema de refrigeração. Em primeiro lugar, absorve e retém qualquer humidade residual presente, impedindo-a de continuar a circular e de causar problemas como a formação de gelo ou a corrosão. Além disso, actuando como um filtro, captura partículas estranhas como detritos de cobre, sujidade e pó, protegendo assim o dispositivo de expansão de potenciais bloqueios. Além disso, ao impedir a entrada de contaminantes no compressor, como aparas de metal, sujidade e outros poluentes, o filtro ajuda a manter a integridade e a longevidade do compressor, reduzindo o risco de danos ou avarias.

1.11 Refrigerantes
Um fluido de trabalho utilizado em sistemas de ar condicionado, de bombagem de calor e de refrigeração que absorve calor de um local e o rejeita noutro através dos processos de evaporação e condensação é conhecido como refrigerante. Estes sofrem alterações de fase, transitando entre os estados líquido e gasoso, para facilitar este processo de transferência de calor. Os principais requisitos ao selecionar um fluido frigorígeneo são;
1. Os refrigerantes devem ser não tóxicos e não inflamáveis.
2. O refrigerante deve ter um ponto de ebulição baixo.
3. Ponto de congelação tão baixo quanto possível.
4. Baixo calor específico e grande calor latente.
5. Pressão e temperatura críticas máximas possíveis.
6. Elevada condutividade térmica.
7. Elevado coeficiente de desempenho e baixa potência por tonelada.
8. Baixo custo e disponibilidade.
9. Baixa viscosidade dinâmica.
10. A tendência para fugas de fluidos frigorígéneos deve ser nula.

1.11.1 Tipos de refrigerantes
Existem quatro tipos importantes de fluidos frigorígéneos:
1. (CFC)

2. (HCFC)
3. (HFC)
4. (HCs)

Os fluidos refrigerantes CFC estão a ser progressivamente eliminados a partir do ano 2000 d.C. devido ao seu impacto negativo no ambiente, como o impacto nocivo na camada de ozono e o maior potencial de destruição da camada de ozono, por recomendação do Protocolo de Montreal, tendo sido substituídos por hidrofluorocarbonetos (HFC). Os fluidos refrigerantes HCFC também têm de ser eliminados progressivamente até 2030 d.C. O R22 é um fluido frigorigéneo HCFC muito popular. Os fluidos refrigerantes do tipo hidrofluorocarbonetos são os mais comuns porque não empobrecem a camada de ozono devido ao seu ODP nulo. Os fluidos refrigerantes HFC não possuem qualquer átomo de cloro e, por conseguinte, não têm potencial de destruição da camada de ozono.

No entanto, este tipo de fluidos frigorigéneos tem um potencial de aquecimento global (GWP). Os HFC são os gases refrigerantes mais utilizados no mercado atual. O R134a tem boas propriedades, como a estabilidade e a não inflamabilidade. Os hidrocarbonetos são os fluidos refrigerantes naturais com baixo impacto ambiental e elevada eficiência energética. Alguns outros fluidos frigorigéneos inorgânicos são o CO_2, o NH_3 e o H_2O. O amoníaco é uma boa escolha para aplicações de refrigeração industrial devido às suas caraterísticas termodinâmicas notáveis e à sua eficiência excecional. Outro refrigerante natural que está a ganhar popularidade é o dióxido de carbono, que tem boas propriedades termodinâmicas e pouco ou nenhum impacto no ambiente. **A Figura 1.10** descreve as quatro gerações de fluidos frigorigéneos.

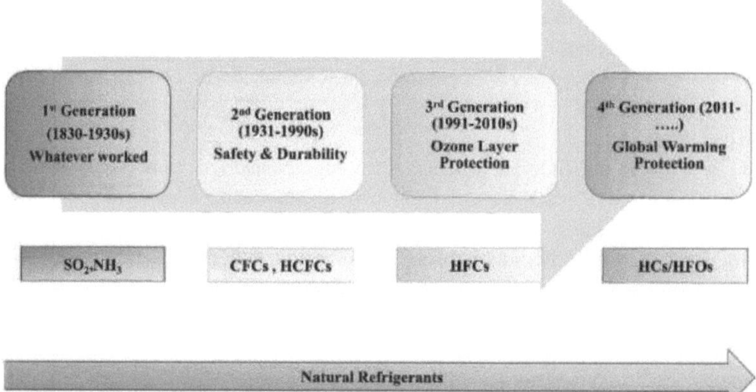

Figura 1.10 Evolução dos fluidos frigorigéneos.

1.11.2 Panorâmica dos factores que apoiam ou se opõem à utilização de alternativas nos frigoríficos domésticos

Quadro 1.1 Factores de apoio e de oposição dos diferentes fluidos frigorigéneos utilizados.

Refrigerante	Factores de apoio	Factores opostos
R134a	1. Não inflamável. 2. Pressão positiva no evaporador.	1) Maior GWP. 2) Início mais elevado motor de binário. 3) Problema de

			engasgamento do óleo.
R152a	1. Potencial de aquecimento global nulo		1) Ligeiramente inflamável.
	2. Adequado para óleo mineral.		2) Temperatura de descarga elevada.
	3. Motor de binário de arranque inferior necessário em compressão ao R134a.		3) Ligeiro vácuo no evaporador a -25° C.
R290	1. Potencial de aquecimento global nulo.		1) Inflamável.
	2. Adequado para óleo mineral.		2) É necessário um compressor de pistão de cilindrada muito pequena.
	3. Pressão positiva no evaporador.		
	4. É necessário um motor de baixo binário de arranque.		
	5. É necessária uma pequena carga de refrigerante.		
	6. Facilmente disponível.		
R600a	1. Potencial de aquecimento global nulo.		1) Inflamável, mas a sua inflamabilidade pode ser controlada.
	2. Adequado para óleo mineral.		
	3. Pressão mais baixa do sistema.		
	4. Baixa temperatura de descarga.		
	5. Necessário Menor binário de arranque do motor em comparação com o R134a.		
	6. Quantidade de carga reduzida em comparação com o R134a.		
	7. Baixo consumo de energia.		

É evidente que o R600a oferece uma série de aspectos positivos em relação ao fluido frigorigéneo R134a HFC, tornando-o adequado para utilização em frigoríficos residenciais. A **Figura 1.11** mostra as vantagens do refrigerante R600a.

Figura 1.11 Vantagens do fluido frigorigéneo R600a.

1.12 Lubrificação do compressor

Num sistema de compressor, os lubrificantes desempenham várias actividades, sendo a principal a lubrificação da máquina. Também desempenha o papel de fluido de arrefecimento e vedante. Por este motivo, é crucial escolher o lubrificante correto para o compressor. Os lubrificantes para compressores são geralmente preparados como uma mistura de aditivos e óleo de base que pode fornecer as propriedades de lubrificação necessárias e a compatibilidade com os refrigerantes. Em caso de incompatibilidade entre o refrigerante e o óleo de base, esta pode afetar drasticamente o desempenho do equipamento. Os lubrificantes para compressores são maioritariamente sintéticos. Assim, o tempo de vida útil destes materiais é superior. A principal função do lubrificante no interior do compressor do sistema de refrigeração é lubrificar os contactos mecânicos, tais como rolamentos, vedantes, etc. A presença e as qualidades do óleo lubrificante no interior do compressor têm um efeito substancial no funcionamento correto do sistema de refrigeração. Este óleo viaja juntamente com o refrigerante, atingindo numerosos componentes em todo o sistema. A eficácia do sistema é significativamente influenciada tanto pela quantidade como pelo tipo de óleo do compressor que acompanha o refrigerante durante a sua circulação. Deve ter boa resistência à oxidação, elevada estabilidade térmica e química, ampla gama de temperaturas de funcionamento, propriedade de não formação de espuma, elevado ponto de ebulição e baixo ponto de solidificação, bom comportamento de viscosidade à temperatura e compatibilidade com o refrigerante e os materiais do compressor.

O compressor do sistema de refrigeração utiliza a mistura de óleo que é diluída pelo refrigerante como lubrificante preferencial. Nas últimas décadas, têm sido utilizados óleos minerais para os refrigerantes clorados. Mas, para os refrigerantes HFC, os óleos minerais têm uma miscibilidade limitada e uma solubilidade baixa. Para os sistemas de refrigeração à base de HFC, existem dois lubrificantes possíveis, como o óleo de polialquilenoglicóis (PAG) e o óleo de ésteres de poliol (POE), que são de utilização comum. Estes têm uma boa miscibilidade e possuem boas propriedades de isolamento elétrico para os compressores hermeticamente fechados. Quando comparados com ambos os óleos, os óleos POE têm uma boa miscibilidade e são hidroliticamente mais estáveis do que os óleos PAG. Os óleos POE são normalmente utilizados em sistemas de refrigeração residenciais e comerciais. A maior parte dos sistemas de refrigeração baseados no R134a utiliza óleos POE. Na presente investigação, é utilizado óleo mineral que é compatível com o refrigerante R600a.

1.13 Nano-partículas e suas aplicações

Atualmente, a nanotecnologia tornou-se um ramo de estudo de vanguarda dedicado à criação de materiais à escala nanométrica, ou nanopartículas, que normalmente têm menos de 100 nm de tamanho. Com esta tecnologia, é possível melhorar a condutividade eléctrica e térmica, bem como a resistência, a leveza, a durabilidade, a reatividade e a condutividade dos materiais. As diferentes classes são derivadas das caraterísticas únicas das nanopartículas, que são determinadas por elementos como o tamanho, a forma e a composição do material. Estas divisões permitem distinguir entre nanopartículas inorgânicas (como os fulerenos e as nanopartículas de ouro) e orgânicas (como os dendrímeros, os lipossomas e as nanopartículas poliméricas). Além disso, existem dois tipos de nanopartículas: moles, como os lipossomas, e duras, como o dióxido de silício (SiO_2) e o dióxido de titânio (TiO_2). Os nanomateriais são utilizados em muitos domínios diferentes e têm contribuído grandemente para o avanço de uma série de indústrias distintas.

- Domínio médico e dos cuidados de saúde.
- Setor da energia.
- Remediação ambiental.
- Indústria transformadora.
- Engenharia Biomédica.
- Indústria eletrónica e informática.

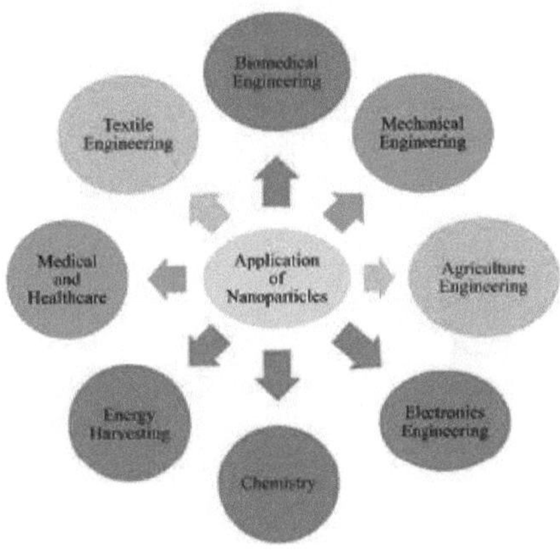

Figura 1.12 Aplicação de nanopartículas.

1.13.1 Aplicação das nanopartículas na engenharia mecânica

As nanopartículas têm inúmeras utilizações na engenharia mecânica, proporcionando grandes melhorias no desempenho dos materiais, na lubrificação, nos revestimentos, bem como nos processos de fabrico. As nanopartículas têm propriedades térmicas e mecânicas excepcionais, impulsionando os esforços de investigação para aplicações inovadoras em sectores importantes. As nanopartículas aumentam a eficácia dos lubrificantes, reduzindo a fricção e o desgaste. As nanopartículas podem produzir camadas protectoras nas superfícies, diminuindo o desgaste e prolongando a vida operacional dos componentes mecânicos. Além disso, o revestimento de superfícies, a coagulação e a lubrificação são elementos importantes para melhorar as propriedades mecânicas das nanopartículas. As nanopartículas têm uma condutividade térmica e uma capacidade de transferência de calor superiores às dos materiais sólidos normais, devido à sua área de superfície significativamente maior. Esta área de superfície aumentada permite que as nanopartículas conduzam eficazmente o calor e o transfiram através de um determinado meio, resultando numa gestão térmica mais eficaz e num melhor desempenho em várias aplicações. As nanopartículas têm aplicações transformadoras na engenharia mecânica, permitindo a produção de materiais e sistemas com qualidades e funcionalidades melhoradas. Estes desenvolvimentos resultam em sistemas mecânicos mais eficientes, robustos e de elevado desempenho, que abrem novas oportunidades de desenvolvimento e fabrico.

1.13.2 Hibridação de nanopartículas

A hibridação é uma técnica inovadora que permite combinar as caraterísticas distintivas de duas nanopartículas diferentes num único elemento, conferindo-lhe propriedades e caraterísticas melhoradas em comparação com as nanopartículas individuais. Estas nanopartículas híbridas são também conhecidas como nanopartículas compósitas. As nanopartículas híbridas apresentam melhores propriedades que não existem no material individual. As nanopartículas compósitas têm também um melhor comportamento tribológico e reológico em comparação com as nanopartículas individuais. A hibridação de nanopartículas melhora as propriedades térmicas e hidráulicas, como a condutividade térmica e a viscosidade dinâmica. A hibridação de nanopartículas permite a adaptação das suas propriedades para satisfazer requisitos de aplicação específicos, incluindo em domínios como a eletrónica, a catálise, a deteção, a administração de medicamentos, a imagiologia e a remediação ambiental. Ao combinar diferentes materiais à escala nanométrica, os investigadores podem desenvolver materiais inovadores com melhor desempenho e funcionalidade para várias aplicações tecnológicas.

1.13.3 Nanolubrificantes

Os nanolubrificantes consistem em pequenos aditivos sólidos sob a forma de partículas de dimensão nano entre 1-100 nm. As nanopartículas estão disponíveis em diferentes formas, como esféricas, cilíndricas, etc. A introdução de nanopartículas no óleo de base aumenta as propriedades termofísicas e as propriedades triboquímicas dos lubrificantes convencionais. As propriedades termofísicas têm um papel crucial na determinação dos coeficientes de transferência de calor por convecção, dos coeficientes de transferência de calor por ebulição, do fluxo de calor crítico e de outros fenómenos relacionados. Estas propriedades influenciam significativamente o desempenho da transferência de calor de um sistema, afectando a sua eficiência e desempenho em vários processos térmicos. As principais propriedades termofísicas dos nanolubrificantes são;

I. Condutividade térmica
II. Viscosidade dinâmica
III. Calor específico
IV. Densidade
V. Viscosidade cinemática
VI. Coeficiente de transferência de calor.

1.14 Objetivo e âmbito do presente estudo

O objetivo da presente pesquisa de doutorado é examinar os impactos de nanolubrificantes híbridos/compostos nos indicadores de desempenho de um equipamento de teste de videocassete que opera com o refrigerante R600a (isobutano). Neste estudo, nanopartículas de TiO_2, SiO_2, CuO e Al_2O_3 foram selecionadas para este trabalho, enquanto o óleo mineral serviu como lubrificante. Os principais indicadores de desempenho incluem o COP, a potência de entrada do compressor, o tempo de arranque, a eficiência da lei 2nd e a destruição total de exergia de todo o equipamento de teste. Espera-se que a implementação de nanolubrificantes híbridos em vez de lubrificante de óleo mineral puro no compressor aumente o desempenho energético e exergético do sistema VCR, devido à maior eficiência de transferência de calor das nanopartículas. Além disso, a expansão do âmbito do presente trabalho, variando também a carga de massa do refrigerante R600a nos parâmetros de desempenho, é também examinada de modo a otimizar a carga de massa do refrigerante.

1.15 Organização da tese

Nesta tese, a introdução é apresentada no capítulo 1 e, após o capítulo de introdução, a revisão da literatura sobre o refrigerante e o efeito de diferentes nanolubrificantes mono e híbridos no desempenho do sistema de refrigeração por compressão de vapor foi discutida no capítulo 2. A revisão da literatura inclui os nano lubrificantes mono e compostos. A identificação do problema e os objectivos da presente investigação também foram discutidos neste capítulo. No Capítulo 3, são discutidos os pormenores da metodologia para atingir os objectivos do presente estudo. No capítulo 4, são apresentados os pormenores da configuração e do procedimento experimentais, enquanto no capítulo 5 são discutidos os cálculos dos parâmetros investigados. No Capítulo 6, são discutidos os resultados dos estudos experimentais para o equipamento de ensaio de refrigeração por compressão de vapor utilizando nanolubrificantes híbridos. Finalmente, no Capítulo 7, são apresentadas as conclusões e as perspectivas futuras do presente estudo.

CAPÍTULO - 2

REVISÃO DA LITERATURA

2.1 Introdução

Neste capítulo, foi apresentada a revisão detalhada da literatura para melhorar o desempenho do sistema VCR. A seleção do fluido frigorigéneo é muito importante para aumentar a eficiência energética e minimizar o impacto no ambiente, razão pela qual é apresentada inicialmente uma revisão da literatura sobre a seleção do fluido frigorigéneo. Além disso, é efectuada uma revisão da literatura sobre a utilização de nanopartículas no sistema de refrigeração por compressão de vapor.

2.2 Efeito de diferentes fluidos frigorigéneos no desempenho do sistema VCR e no ambiente

J. Calm. [1] estudou o desenvolvimento do refrigerante desde o início da sua utilização até ao presente. [th]O início do século XIX testemunhou o início de um estudo extensivo explorando os refrigerantes para uso em sistemas de refrigeração mecânica. Os refrigerantes naturais, como o amoníaco e a água, foram inicialmente utilizados para proporcionar refrigeração. A sua utilização foi mais tarde restringida devido a algumas das suas propriedades desfavoráveis, como a toxicidade e a inflamabilidade. Isto resultou na invenção dos (CFC), (HFC) e (HCFC) no início do século XX, que também foram utilizados durante muitos anos em pequenos sistemas de refrigeração (devido às suas excelentes qualidades, incluindo durabilidade, compatibilidade e segurança). A Emenda de Kigali, os Protocolos de Montreal e de Quioto, a Norma ASHRAE 34 e outros emitiram sugestões sérias para eliminar gradualmente os CFC, HFC e HCFC, tanto nos países desenvolvidos como nos países em desenvolvimento, devido aos seus efeitos ambientais prejudiciais, como o ODP e o GWP.

N. Kumma et al. [2] analisaram a situação atual dos fluidos frigoríficos utilizados nos frigoríficos domésticos e descobriram que os fluidos frigoríficos R600a, R290 e R600a têm um GWP e um ODP muito reduzidos em comparação com os fluidos frigoríficos HCFC e CFC. O fluido frigorigéneo R600a é inflamável, mas a inflamabilidade pode ser controlada com os devidos cuidados.

D. Colbourne et al. [3] analisaram a aplicação de fluidos frigorigéneos HCs em equipamentos de ar condicionado, bombas de calor e refrigeração e concluíram que os fluidos frigorigéneos com um enorme PAG, como os CFC e os HFC, estão a ser substituídos por fluidos frigorigéneos que têm uma influência extremamente mínima ou nula no aquecimento global, como o R290 e o R600a, numa tentativa de salvar o ambiente.

M. Rasti et al. [4] investigaram um exame da eficiência de um refrigerador doméstico explorando a utilização de R436 e HCs como refrigerantes substitutos do R134a. O estudo investigou três parâmetros-chave: tipo de refrigerante, massa de refrigerante e tipo de compressor. As cargas óptimas para o fluido frigorigéneo R600a e o fluido frigorigéneo R436A foram determinadas como sendo de 55g e 60g, respetivamente, enquanto que para o R134a foi de 105g. Curiosamente, quando foi utilizado um compressor de hidrocarbonetos (especificamente fabricado para o R600a), a carga óptima para ambos os fluidos frigorigéneos de hidrocarbonetos foi reduzida para 50 g. Além disso, os resultados indicaram uma redução notável no consumo de energia, com uma diminuição de 14% e 7% observada para o frigorífico quando equipado com um compressor de tipo HFC abastecido com a quantidade ideal de R436A e R600a, respetivamente, em comparação com o modelo de base. Além disso, a análise de exergia destacou que o refrigerante R600a utilizado com um compressor do tipo hidrocarboneto apresentou a menor porção de destruição de exergia.

A. Rahimi et al. [5] realizaram uma análise exergética para otimizar a utilização do refrigerante isobutano como uma alternativa ao R134a em um sistema de refrigeração doméstico. Inicialmente, o refrigerador utilizou 145g de R134a para avaliar seu desempenho exergético. Posteriormente, foram feitas atualizações no compressor, mudando para um tipo HC, e 60g de R600a foram empregados em vez de R134a. Através da análise exergética, foram efectuadas melhorias para aumentar a eficiência do aparelho. A investigação revelou que, em condições óptimas, apenas eram necessários 50 g de R600a, o que representa uma redução significativa de 66% em comparação com o R134a. Este facto sublinha a relação custo-eficácia do R600a em relação ao R134a, sendo este último comparativamente mais caro. A análise de exergia do frigorífico baseado no ciclo VCR a funcionar com 145 g de R134a identificou que o compressor é o principal contribuinte para a destruição de exergia, depois do condensador, do tubo capilar e do evaporador. No entanto, a introdução do R600a levou a uma diminuição geral da destruição de exergia. Em condições óptimas, a destruição total de exergia foi de apenas 45,05% da observada na configuração de base do frigorífico.

M. Schenk et al. [6] investigaram experimentalmente o movimento do refrigerante (R600a) dentro dos tubos capilares adiabáticos. O fluxo do refrigerante estava sob condições controladas no caso do refrigerante R600a.

D. Sanchez et al. [7] avaliaram os impactos de vários refrigerantes de baixo PAG alternativos ao R134a num refrigerador de bebidas. Os autores substituíram o refrigerante R134a e incluíram HFCs, hidrocarbonetos e a substância inorgânica dióxido de carbono (R744). A potência consumida pelo equipamento de teste foi reduzida com a utilização do refrigerante R600a em vez do R134a. A pressão de trabalho mais baixa encontrada foi próxima da atmosférica ao incorporar o refrigerante R600a. O tempo de extração também foi reduzido utilizando o refrigerante R600a e o processo foi eficiente em comparação com o refrigerante R134a como fluido de trabalho no equipamento de teste.

J. Soni et al. [8] compararam o desempenho de alguns refrigerantes HFCs e HCs em um sistema VCR comum. Vários fatores foram analisados, incluindo a potência de entrada do compressor, o COP e o efeito de refrigeração. A avaliação abrangeu uma faixa de temperaturas do evaporador de -30°C a 10°C e temperaturas ambientes entre 40°C e 45°C. As conclusões indicaram que o R290 e o R600a apresentaram melhores resultados em comparação com os outros refrigerantes testados no sistema (VCR). Consequentemente, devido ao seu baixo (ODP) e muito baixo (GWP), os refrigerantes R600a e R290 foram sugeridos como substitutos viáveis para o R134a.

2.3 Efeito de diferentes nanopartículas mono/simples no desempenho do sistema VCR

Nesta parte, é apresentado o efeito de várias nanopartículas mono/simples nas caraterísticas termo-hidráulicas do sistema VCR.

A. Celen et al. [9] analisaram a aplicação de nanorefrigerantes. Os nanorefrigerantes são uma forma de nanofluido que consiste em nanopartículas e os melhores refrigerantes. São largamente utilizados em vários domínios, incluindo a refrigeração, os sistemas de ar condicionado e as bombas de calor. Os nanofluidos melhoram as propriedades de fluxo e o desempenho de troca de calor da máquina. Os nanolubrificantes têm maior condução de calor do que os fluidos de base. Prevê-se que os nanorefrigerantes venham a ser amplamente utilizados nos próximos anos, tanto a nível residencial como industrial, devido às suas excelentes propriedades de transferência de calor. Prevê-se que estes novos fluidos frigoríficos venham a revolucionar uma série de aplicações, proporcionando uma maior eficiência e desempenho do que os fluidos frigoríficos tradicionais.

O. Alawi et al. [10] analisaram o efeito dos nanorefrigerantes no desempenho da transferência de calor e no consumo de energia. As nanopartículas misturadas com o lubrificante formam o nanofluido e muitos estudos experimentais revelaram que a condução de calor do nanolubrificante era muito superior à do óleo puro. O sistema de refrigeração que utiliza nanopartículas tem melhor desempenho do que o que não utiliza nanopartículas. As nanopartículas têm a vantagem extra de aumentar a solubilidade do lubrificante e do refrigerante, bem como de melhorar as capacidades de troca de calor dos refrigerantes.

J. Gill et al. [11] examinaram a primeira lei e a segunda lei da investigação do desempenho de um frigorífico residencial empregando refrigerantes R134a e GPL, utilizando vários lubrificantes como MO e óleo POE com nanopartículas de TiO_2, SiO_2, Al2O3 difundidas em MO. Aqui, os parâmetros investigados foram (COP), efeito de refrigeração, potência de entrada do compressor, temperatura de descarga, eficiência da lei 2nd e destruição total de exergia. Os resultados mostraram que, com a incorporação das nanopartículas supracitadas, tanto o desempenho de primeira como de segunda lei melhoraram com a inclusão das nanopartículas. A potência de entrada do compressor do frigorífico residencial a 40g de carga de massa de GPL e TiO2 com MO (com 0,2g/L de TiO_2) revelou-se mínima e 15,87% inferior à do R134a utilizando 100g de carga de massa de refrigerante sem utilizar nanopartículas.

O. Ohunakin et al. [12] substituíram o refrigerante R134a num frigorífico doméstico por 40-gramas, 50-gramas, 60-gramas e 70-gramas de refrigerante LPG misturado com diferentes quantidades de nanopartículas de TiO2 distribuídas em óleo MO. Foi realizada uma experiência para observar o desempenho do frigorífico. O estudo examinou a análise da primeira lei de um frigorífico doméstico utilizando parâmetros de teste em condições de funcionamento comparáveis. Estes parâmetros incluíram a irreversibilidade total, a eficiência da lei 2nd e a destruição de exergia em componentes individuais. A destruição total de exergia do frigorífico doméstico utilizando nanopartículas de TiO2 foi inferior em cerca de 0,65-35,97% à do refrigerante R134a sem utilização de nanopartículas. A eficiência da lei 2nd também melhorou com a utilização de nanopartículas de TiO2 e foi superior em cerca de 6,2357,74% à do refrigerante R134a com lubrificante POE puro. A quantidade óptima de refrigerante GPL foi de 40g enquanto a concentração óptima de nanopartículas de TiO2 no lubrificante foi de 0,4g/L.

D. Adelekan et al. [13] realizaram uma experiência num frigorífico doméstico incorporando o refrigerante hidrocarboneto LPG e várias concentrações de nanopartículas de SiO2 como lubrificante MO em substituição do refrigerante R134a no frigorífico doméstico. Os parâmetros de desempenho investigados incluem o COP, o tempo de arranque, a necessidade de potência do compressor, a condutividade térmica e a viscosidade dinâmica. A investigação experimental mostrou que a adoção do GPL como refrigerante de trabalho infundido com o nanolubrificante SiO2-MO melhorou os parâmetros de desempenho e que esta configuração pode ser viável para substituir o refrigerante R134a num sistema VCR. O valor do coeficiente de desempenho melhorou de 2,05 para 2,65 com o uso de nanolubrificantes em comparação com o lubrificante puro ou sem o uso de nanopartículas. O compressor registou uma menor potência de entrada em todas as cargas de GPL à base de lubrificante SiO2 escolhidas, em comparação com os refrigerantes R134a. Especificamente, a potência de entrada foi de 28,81 W para o GPL, utilizando uma carga de 60 g com uma concentração de 0,2 g/L, enquanto que para os refrigerantes R134a, a potência de entrada mediu 39,21 W com uma carga de 100 g e óleo lubrificante puro para o compressor.

O. Ajayi et al. [14] investigaram os efeitos dos nanofluidos (R134a com Al2O3) na eficiência de um sistema VCR local. Nesta investigação, os parâmetros de teste foram o efeito de refrigeração e o consumo de energia. Os resultados demonstraram que os parâmetros de desempenho do sistema melhoraram com a utilização de nanopartículas de Al2O3 misturadas com lubrificante convencional. O sistema demonstrou que a incorporação das nanopartículas no lubrificante convencional resultou num aumento da refrigeração, num aumento do desempenho e numa redução do consumo de energia. Os investigadores descobriram também que a incorporação de nanopartículas no lubrificante diminuía a viscosidade do nanolubrificante, o que conduzia a uma diminuição do consumo de energia. Os resultados também concluíram que o nanolubrificante tem uma melhor condutividade térmica em comparação com o lubrificante sem nanopartículas. Além disso, os procedimentos de diagnóstico do pH mostram que as paredes e o material do compressor podem ser afectados negativamente pelas nanopartículas de Al2O3 presentes no fluido de trabalho.

D. S. Adelekan et al. [15] Foi realizada uma análise para avaliar a capacidade de um refrigerador doméstico sob diferentes temperaturas atmosféricas, concentrações de nanolubrificante TiO2 e massa de refrigerante R600a. O estudo abrangeu cargas de massa de refrigerante variando de 40g a 70g e temperaturas ambientes variando de 19°C a 25°C, com concentrações de nanolubrificante TiO2 variando de 0g/L a 0,4g/L. Os parâmetros examinados incluíram a temperatura do evaporador, o consumo de energia, (COP), e a eficiência da segunda lei. Os resultados indicaram que, com 0,2 g/L e 0,4 g/L de nanolubrificante TiO2, o sistema de refrigeração apresentou melhor desempenho sob condições ideais de temperatura atmosférica e carga de massa de R600a. Em cenários ideais, o COP e a eficiência da lei 2nd aumentaram de 0,05 a 16,32% e de 2,8 a 16%, respetivamente, enquanto a temperatura do ar do evaporador e o consumo de energia diminuíram de 5,26 a 26,32% e de 0,13 a 14,09%, respetivamente. Consequentemente, a eficácia de um frigorífico doméstico variou nas diferentes condições de ensaio.

D. M. Madyira et al. [16] avaliaram a eficácia de um refrigerador doméstico utilizando o fluido refrigerante R600a juntamente com nanolubrificante de grafeno, servindo como substituto do fluido refrigerante R134a. A decisão de substituir o R134a foi motivada pelo seu alto potencial de aquecimento global, apesar de ter um potencial de destruição da camada de ozônio nulo, ao contrário do refrigerante R600a. Esta substituição teve como objetivo diminuir os seus efeitos negativos no ambiente. Os parâmetros investigados incluem o coeficiente de desempenho, o tempo de extração, a temperatura do ar do evaporador, o efeito de refrigeração e o consumo de energia. Os resultados demonstraram que a incorporação do fluido frigorígeneo R600a com nanolubrificante à base de grafeno reduziu o tempo de extração e a temperatura do ar do evaporador em comparação com o fluido frigorígeneo R134a. Com uma melhoria do efeito de refrigeração entre 5,2% e 14,2% e uma diminuição do consumo de energia entre 8,8% e 26,4%, o R600a com nanolubrificante à base de grafeno foi capaz de atingir um COP mais elevado. Durante a experiência, a concentração de 0,2 gramas/litro de nanolubrificante de grafeno proporcionou um melhor desempenho. O nanolubrificante à base de grafeno pode assim substituir o R134a no frigorífico doméstico.

M. Z. Sharif et al. [17] analisaram a durabilidade do nanolubrificante PAG à base de SiO2 no sistema de ar condicionado automotivo. O experimento foi realizado variando a carga de massa do refrigerante de 95g a 125g e a RPM do compressor de 900 RPM a 2100 RPM. Os parâmetros observados foram a potência do compressor e o COP em função das concentrações volumétricas de nanolubrificante. Verificou-se que a carga óptima de refrigerante é de 115 g, bem como a melhoria máxima do COP para o nanolubrificante SiO2/PAG é de 24%. O estudo revelou que o (COP) é melhor com uma concentração menor. O estudo descobriu uma carga óptima de refrigerante de 115g e uma melhoria máxima do COP de 24% utilizando o nanolubrificante SiO2/PAG. Notavelmente, o melhor desempenho de COP foi observado em baixas concentrações. A concentração volumétrica ideal do nanolubrificante PAG à base de óxido de silício para aplicações em sistemas de ar condicionado de automóveis foi determinada em 0,05%. Com a mesma concentração, a potência do compressor também foi reduzida. Para obter um melhor desempenho nos sistemas de ar condicionado dos automóveis, recomenda-se a utilização de nanolubrificantes PAG à base de óxido de silício com uma concentração volumétrica de 0,05%.

M. Akhtar et al. [18] Foi efectuada uma investigação para avaliar a eficiência de uma unidade de teste de produção de gelo utilizando R134a/POE misturado com nanopartículas de nanotubos de carbono de paredes múltiplas (MWCNTs) no lubrificante POE. O estudo envolveu a variação da massa de MWCNTs de 0,05g para 0,25g dispersos em 250mL de óleo POE, enquanto também variou a carga de massa de refrigerante de 175g para 225g. Os parâmetros examinados incluíam o tempo de extração, a viscosidade, a razão de pressão, o efeito de refrigeração, a potência de entrada do compressor (COP) e a condutividade térmica. Os resultados demonstraram uma redução do trabalho do compressor e do tempo de arranque em 17,9% e 21,46%, respetivamente, em comparação com o lubrificante puro. Ao utilizar uma massa de 225g de refrigerante R134a com 250mL de lubrificante, o efeito de refrigeração e o COP aumentaram em 11,29% e 40,09%, respetivamente. Além disso, houve uma melhora na condução de calor, densidade e viscosidade dinâmica na entrada e saída do compressor. Nesta investigação, a concentração de massa de 0,2 g/L de nanolubrificante foi considerada óptima, resultando no maior COP e na menor potência de entrada do compressor. Assim, a integração de MWCNTs no lubrificante melhorou os parâmetros totais do equipamento de teste de fabrico de gelo que funciona no sistema VCR.

M. R. Salem [19] efectuou uma experiência para aumentar a eficácia de uma unidade VCR. A experiência foi realizada com rácios de pressão de ciclo variáveis de 6,55 a 10,12 e concentrações de massa de nanopartículas de 0 a 0,5%. Os resultados demonstraram uma redução nas taxas de destruição de exergia total com a aplicação da mistura R134a/MWCNT-óleo. O COP e a eficiência da lei 2nd /eficiência energética do sistema VCR aumentaram 37,3% e 126,5%, respetivamente, em comparação com o VCRS padrão sem a utilização de MWCNT. A inclusão de MWCNTs no lubrificante do compressor resultou numa diminuição significativa da taxa total de destruição de exergia, com reduções adicionais registadas com o aumento da carga de nanopartículas.

W. H. Azmi et al. [20] examinaram a condutividade térmica e a viscosidade dinâmica do nanolubrificante Al2O3/PAG para uso em sistemas de ar condicionado de veículos. Ajustando a concentração volumétrica dos nanolubrificantes Al2O3/PAG de 0,05% para 1% em temperaturas que variam de 303,15 a 353,15K, os pesquisadores examinaram a condutividade térmica e a viscosidade. Foi utilizado um procedimento de preparação em duas vias para dispersar as nanopartículas de Al2O3 no lubrificante PAG. Os resultados revelaram que a condutividade térmica dos nanolubrificantes aumentava com a concentração, mas diminuía com a temperatura. Em concentrações superiores a 0,3%, a viscosidade do nanolubrificante aumentou rapidamente e diminuiu com a temperatura. Para concentrações de 1,0% e 0,4%, respetivamente, os valores mais elevados de condutividade térmica e de viscosidade foram 1,05 e 7,59 vezes superiores aos do óleo PAG puro. Os investigadores desaconselharam a utilização de concentrações de Al2O3 com nanolubrificantes PAG em sistemas de ar condicionado de veículos superiores a 0,3%.

S. S. Sanukrishna et al. [21] examinaram experimentalmente o comportamento térmico e reológico do nanofluido TiO2/PAG para sistemas de refrigeração. O estudo envolveu variações de temperatura de 20°C a 90°C e frações de volume de nanolubrificante variando de 0,07% a 0,8%. Um procedimento de duas vias foi empregado para fazer o nanolubrificante. Os resultados revelaram que a condução de calor do nanolubrificante melhorou com fracções de volume mais elevadas e diminuiu com o aumento da temperatura. A condutividade térmica mais elevada, bem como a viscosidade, foram observadas em fracções de volume de 0,8% e 0,6%, respetivamente, mostrando aumentos de 1,38 e 10 vezes superiores aos do lubrificante puro. A concentração volumétrica óptima foi encontrada a 0,4% de fração volumétrica. Além disso, a viscosidade dinâmica do nanolubrificante aumentou com o aumento da fração de volume, mas diminuiu com o aumento da temperatura. Tanto a fração de volume como a temperatura exerceram determinados efeitos na condutividade térmica e na viscosidade.

A. A. M. Redhwan et al. [22] efectuaram uma experiência para comparar a viscosidade dinâmica e a condutividade térmica das nanopartículas de SiO2 que foram misturadas em óleos PAG em concentrações ponderais que variam entre 0,2-1,5% e temperaturas de trabalho que variam entre 305 e 355 K com o nanolubrificante Al2O3, destinado a ser utilizado no sistema de ar condicionado de veículos. Os resultados demonstraram que a temperatura provocou uma diminuição da viscosidade e da condutividade térmica dos nanolubrificantes, enquanto a concentração volumétrica provocou um aumento de ambas. Nesta investigação, os nanolubrificantes de SiO2 apresentaram maior incremento de condutividade térmica em comparação com os nanolubrificantes de Al2O3 devido à limitação da viscosidade. Para utilização em compressores de ar condicionado de automóveis, a concentração em peso dos nanolubrificantes SiO2 e Al2O3 foi permitida até 1,0% e 0,3%, respetivamente. Os nanolubrificantes de SiO2 têm uma maior condutividade térmica a uma concentração de 1,0% do que os nanolubrificantes de óxido de alumínio (Al2O3) à concentração permitida de 0,3%. Assim, os autores deste estudo sugeriram o uso de nanolubrificantes de SiO2 para sistemas de ar condicionado de veículos que tenham uma concentração volumétrica inferior a 1,0%.

N. N. M. Zawawi et al. [23] realizaram experiências e observaram a eficácia do sistema de ar condicionado para automóveis utilizando nanolubrificantes de SiO2 e Al2O3 com o refrigerante R1234yf. Um método de preparação bidirecional foi empregado para fazer o nanolubrificante, que é muito comum e muito eficaz. O estudo examinou concentrações de peso de SiO2 e Al2O3 variando de 0,01 a 0,05 por cento. Os parâmetros investigados foram a potência do compressor, o efeito de refrigeração e o COP. Tanto o SiO2 com nanolubrificantes PAG quanto o Al2O3 com nanolubrificantes PAG apresentaram melhor desempenho em comparação com o lubrificante PAG puro. O SiO2 com óleo PAG proporcionou melhor efeito de refrigeração, mas consumiu mais energia em comparação com o Al2O3 com óleo PAG. O efeito de refrigeração do SiO2 com óleo PAG melhorou até 15,7% a uma concentração volumétrica de 0,01%. Assim, os autores recomendaram a utilização do nanolubrificante SiO2 numa concentração de 0,01% em peso. Por conseguinte, a sugestão para investigação futura envolve a utilização de um nanolubrificante composto que inclua nanopartículas de SiO2 e Al2O3. Esta abordagem tem como objetivo aumentar a capacidade de arrefecimento e, simultaneamente, diminuir a carga de trabalho do compressor.

D. Marcucci Pico et al. [24] avaliaram a eficiência de nanolubrificantes de diamante aplicados ao sistema de compressão de vapor. Neste estudo, 2 valores de massa, nomeadamente 0,1 por cento e 0,5 por cento de nanopartículas de diamante, foram incorporados no lubrificante POE. Os parâmetros de desempenho investigados foram a capacidade de arrefecimento, o consumo de energia, o COP e as temperaturas de descarga e do cárter de óleo do compressor. Os resultados mostraram que a utilização de nanolubrificantes de diamante melhorou significativamente a capacidade de arrefecimento do VCRS, com a maior melhoria a ocorrer a uma concentração volumétrica de 0,5%, atingindo até 7%. Por outro lado, a utilização de nanolubrificantes de diamante não teve qualquer efeito percetível no consumo de energia do compressor, que se manteve praticamente estável. Além disso, a temperatura de descarga foi reduzida em 4°C. A maior capacidade de arrefecimento do VCRS foi atribuída às melhores caraterísticas termofísicas do nanolubrificante de diamante. Assim, a utilização de nanolubrificantes de diamante em sistemas VCR resultou numa diminuição das temperaturas de descarga do compressor e do cárter de óleo, bem como num aumento do efeito de refrigeração e do COP.

Y. G. Joshi et al. [25] estudaram a utilização de um novo nanolubrificante à base de pontos quânticos de grafeno tratados com amina no sistema VCR. Para criar a nanosuspensão de AGQD, esta é combinada com concentrações de 100, 200 e 500 partes por milhão (ppm) de óleo de refrigeração de polialquilenoglicol (PAG). A experiência foi realizada em duas fases. A primeira fase envolve a criação de uma nanosuspensão à base de AGQD e a avaliação das suas caraterísticas termofísicas, incluindo a densidade, a viscosidade, o calor específico e a condutividade térmica. Os resultados experimentais demonstraram que a adição de nanopartículas de AGQD aumenta consideravelmente a condutividade térmica do óleo lubrificante PAG, resultando numa redução do calor específico e apenas num ligeiro aumento da densidade e da viscosidade.

T. O. Babarinde et al. [26] avaliaram a qualidade do sistema VCR baseado no refrigerante R600a com nanolubrificantes TiO_2, SiO2 e Al2O3 como substituto do sistema VCR baseado no refrigerante R134a. Os resultados demonstraram que o refrigerante R600a com os nanolubrificantes TiO_2, SiO2 e Al2O3 apresentou temperaturas menores no evaporador e tempo de extração em comparação com os sistemas que usam R134a e R600a puro. As experiências também revelaram que os nanolubrificantes TiO_2, SiO2 e Al2O3 com o refrigerante R600a melhoraram o efeito de refrigeração em 9,7, 0,5 e 12,2%, respetivamente, e também reduziram o consumo de energia em 23,3%, 17,5% e 20,2%. O melhor desempenho foi obtido com o emprego de nanolubrificantes de TiO2, mas os nanolubrificantes de SiO2 e Al2O3 também podem ser uma alternativa viável para o R600a no lubrificante de base. Em conclusão, a adoção de nanolubrificantes em sistemas VCR tem o potencial de melhorar o desempenho térmico e aumentar a eficiência energética [27].

2.4 Impacto dos nanolubrificantes híbridos no desempenho do sistema VCR

Os nanolubrificantes híbridos substituíram os mono nanolubrificantes nos sistemas de refrigeração modernos para melhorar os parâmetros de desempenho do sistema VCR. Estes nanolubrificantes compostos ou híbridos, que são melhores do que os nanolubrificantes de componente único, aumentam a eficiência e a funcionalidade do equipamento VCR. A utilização de nanolubrificantes híbridos resolve eficazmente o problema do consumo excessivo de energia dos sistemas de videogravadores. Esta secção examina os efeitos combinados de vários nanolubrificantes híbridos nas propriedades térmicas e hidráulicas dos sistemas de refrigeração por compressão de vapor. Nos sistemas de refrigeração modernos, os nanolubrificantes híbridos são escolhidos em vez dos mono nanolubrificantes para melhorar os parâmetros de desempenho dos sistemas VCR.

M. Sharif et al. [28] verificaram experimentalmente as propriedades termofísicas de nanolubrificantes compostos (Al2O3-SiO2/PAG) com diferentes proporções de nanopartículas. No presente estudo, as propriedades termofísicas dos nanolubrificantes híbridos (Al.Os-SiO; PAG) foram avaliadas a uma temperatura de 30-80°C para diferentes proporções de nanopartículas. O procedimento de duas etapas foi empregado, para mistura, onde as nanopartículas de Al2O3 e SiO2 foram misturadas ao óleo PAG. Observou-se que cada nanolubrificante híbrido funciona como um fluido newtoniano. A 80°C, registou-se o maior aumento de 2,41% na condutividade térmica. Em contrapartida, o maior aumento percentual da viscosidade dinâmica foi observado a uma temperatura de 70A, atingindo 9,34%. A proporção 50:50 de nanopartículas resultou em aumentos tanto na viscosidade dinâmica como na condutividade térmica.

V. V. Wanatasanappan et al. [29] mediram experimentalmente as propriedades termofísicas do nanolubrificante híbrido (Al2O3-CuO) em diferentes proporções de mistura de nanopartículas. Os cálculos de viscosidade e condutividade térmica foram feitos entre 30 e 70 graus Celsius. A uma concentração volumétrica de 1,0%, foram utilizadas quatro proporções de mistura de nanopartículas distintas de 20/80, 40/60, 50/50 e 60/40 para produzir a suspensão estável do nanofluido híbrido Al2O3-CuO. O valor da condutividade térmica mais elevado foi obtido com a razão de nanopartículas 60:40 e o incremento máximo foi de cerca de 12,33% em relação ao lubrificante puro. Para além disso, foi observada uma tendência decrescente na viscosidade do nanofluido híbrido à medida que a temperatura aumentava. Como resultado, quando comparado com o fluido de base, o nanolubrificante híbrido (Al2O3-CuO) tem um bom desempenho térmico.

J. Shelton et al. [30] avaliaram experimentalmente o comportamento reológico de nanolubrificantes compostos de TiO2-Al2O3/MO em várias proporções de composição de nanopartículas, bem como o efeito da temperatura na viscosidade total e as caraterísticas reológicas de nanolubrificantes compostos de (TiO2-Al2O3/MO). Os resultados sugerem que os nanofluidos híbridos (TiO2-Al2O3/MO) oferecem vantagens sobre os nanofluidos tradicionais em aplicações termofluidas. O rácio de mistura 50/50 da mistura composta apresentou um desempenho ótimo em comparação com as outras composições híbridas.

S. Chauhan [31] avaliou experimentalmente o desempenho do equipamento de teste de fabricação de gelo trabalhando com o refrigerante R134a misturado com diferentes concentrações de peso de nanolubrificante híbrido (Al2O3-SiO2 com óleo PAG). Nesta investigação, a concentração volumétrica do nanolubrificante híbrido variou de 0,02 a 0,1 por cento e foi misturada com óleo PAG utilizando o refrigerante R134a. Os parâmetros investigados foram o tempo de arranque, o trabalho do compressor, o efeito de refrigeração e o COP. A potência mínima do compressor e o valor máximo de COP foram obtidos com uma concentração volumétrica de 0,08% de nanolubrificante híbrido Al2O3-SiO2/PAG. Os cálculos de exergia revelaram que, entre todas as combinações de nanolubrificantes, o compressor apresentou a maior destruição de exergia, enquanto o evaporador apresentou a menor. A soma da destruição de exergia foi a mais elevada, com um valor de 0,72 kW sem a utilização do nanolubrificante híbrido, enquanto o valor mais baixo de destruição de exergia foi de 0,6 kW com a utilização de 0,08% de concentração em peso do nanolubrificante híbrido (Al2O3-SiO2 com óleo PAG).

A. Senthilkumar et al. [32], [33], [34] investigaram experimentalmente o efeito dos nanolubrificantes híbridos (Al2O3-SiO2/MO), (CuO-SiO2/MO) e (ZnO-SiO2/MO) no sistema VCR baseado no refrigerante R600a. A criação de nanolubrificantes híbridos implica a mistura de 2 tipos diferentes de nanopartículas em concentrações de 0,4 e 0,6 gramas por litro, juntamente com 40g e 60 gramas de refrigerante R600a. Os resultados indicaram que o sistema VCR baseado no refrigerante R600a com os nanolubrificantes híbridos (Al2O3-SiO2/MO), (CuO-SiO2/MO) e (ZnO-SiO2/MO) teve um melhor desempenho em relação ao COP, efeito de refrigeração, tempo de extração e potência de entrada do compressor em comparação com o caso do lubrificante puro.

H. Mohamed et al. [35] avaliaram a eficácia do sistema R134a VCR utilizando o nanolubrificante híbrido CuO/CeO2. Os parâmetros de desempenho investigados foram o coeficiente de desempenho e a potência de entrada do compressor. Após as experiências, o estudo verificou que o óxido de cobre, o óxido de cério e a sua combinação melhoravam o desempenho do sistema de refrigeração e diminuíam o seu consumo de energia. A relação de composição volumétrica 50/50 deu resultados óptimos.

G. Yildiz [36] investigou os efeitos de nanolubrificantes compostos (TiO2 e ZnO com POE) numa bomba de calor. Os parâmetros investigados foram o COP e a eficiência exergética. No trabalho acima mencionado, os nanolubrificantes mono e compostos foram sintetizados usando concentrações de 0,8 grama/L e 1,6 grama/L de nanopartículas de TiO2 e ZnO. Os resultados indicaram melhorias significativas nos parâmetros de condutividade térmica e viscosidade para ambos os tipos de nanolubrificantes em comparação com a utilização de lubrificante POE puro. Especificamente, o (COP) aumentou em 4,89% com a concentração de 1,6 g/L de nanolubrificante composto (TiO2 e ZnO com POE), enquanto a eficiência da lei 2nd da bomba de calor registou uma melhoria de 8,39% em comparação com a utilização de óleo POE puro. Além disso, o aumento das fracções de nanolubrificantes mono e híbridos levou a aumentos simultâneos no COP e na eficiência exergética em comparação com a utilização de lubrificante POE puro. Consequentemente, os nanolubrificantes mono e híbridos apresentaram resultados superiores em termos de desempenho energético, exergético e económico no sistema de bomba de calor quando comparados com o lubrificante POE puro.

A. Senthilkumar et al. [37], [38], [39] analisaram os resultados do sistema VCR baseado em R600a empregando nanolubrificantes híbridos (CuO/Al2O3), (CuO/SiO2) e (MWCNT/TiO2). A adição de nanolubrificantes híbridos (CuO/Al2O3) aumentou o COP do compressor em 27%, de 1,17 para 1,6, aumentou o efeito de refrigeração em 20%, de 160 para 200 W, e diminuiu a energia utilizada pelo compressor em 24%, de 158 para 120 W. O uso de nanolubrificantes híbridos MWCNT/TiO2 também ampliou o desempenho do sistema VCR. Os nanolubrificantes compostos (MWCNT/TiO2) foram utilizados para otimizar os parâmetros de desempenho, como o coeficiente de desempenho e a potência de entrada do compressor. O desempenho do VCRS também foi melhorado com nanolubrificantes híbridos (CuO/SiO2). Uma comparação do sistema com e sem dispersão de nanolubrificante demonstra melhorias notáveis numa série de parâmetros. O efeito de arrefecimento aumentou de 112 para 253 W, indicando um aumento de 55%, enquanto o coeficiente de 42

(COP) melhorou de 2,4 para 3,8, indicando um aumento de 36%. Além disso, houve uma redução de 27% no consumo de energia, como se pode ver pelo trabalho do compressor, que caiu de 147 para 108 W. Esses resultados destacam como os nanolubrificantes híbridos podem aumentar a eficiência dos sistemas de resfriamento que usam compressão de vapor. Estes lubrificantes representam um substituto viável para os sistemas convencionais, aumentando a eficiência e diminuindo o consumo de energia. Como resultado, os frigoríficos com nanolubrificantes híbridos são uma boa escolha para os próximos desenvolvimentos na tecnologia de refrigeração.

M. J. Akhtar et al. [40] examinaram o impacto de nanolubrificantes híbridos baseados em nanofolhas de grafeno e nanotubos de carbono de paredes múltiplas (MWCNT) numa configuração de teste de ciclo VCR empregando refrigerante R134a, um total de 200 ml de óleo (POE) é misturado com concentrações de massa variáveis de cada nanopartícula, variando de 0,4 grama/L a 0,8 grama/L. São então adicionados 200 g de refrigerante R134a. Para além disso, é utilizada uma combinação 50:50 de nanopartículas GN e MWCNT para criar a quantidade equivalente de nanopartículas híbridas. A análise centrou-se em várias caraterísticas-chave, incluindo o tempo de extração, a potência consumida pelo compressor, o rácio de pressão, a perda de energia no sistema e a eficiência da lei 2nd . Os melhores resultados foram obtidos com um nanolubrificante híbrido (GN/MWCNT-POE) a uma concentração de massa óptima de 0,7 g/L. Ao utilizar nanolubrificantes híbridos de 0,7 g/L, o COP real do frigorífico e a eficiência de segunda lei aumentaram 11,29% e 8,22%, respetivamente, enquanto o tempo de arranque, a potência consumida pelo compressor e a razão de pressão diminuíram 9,01%, 16,09% e 5,68%, respetivamente, em comparação com a utilização de refrigerante puro. Além disso, os nanolubrificantes híbridos reduzem a irreversibilidade relativa e a perda de exergia.

W. H. Azmi et al. [41], [42] efectuaram uma investigação sobre o desempenho tribológico das nanopartículas (SiO2 e TiO2) no lubrificante PVE e o seu impacto nos parâmetros de desempenho do ar condicionado residencial. Foi utilizado um equipamento de ensaio RAC personalizado para testar os nanolubrificantes compostos, com concentrações variáveis entre 0,003 e 0,01 por cento numa proporção de 50/50. Os testes foram realizados utilizando o método tribológico de 4 esferas. As medidas relacionadas à tribologia foram o diâmetro da cicatriz de desgaste e o coeficiente de atrito, enquanto as medidas de desempenho para o equipamento de teste de ar condicionado doméstico foram o efeito de refrigeração, o consumo de energia, o índice de eficiência energética e a capacidade de resfriamento. Após a introdução de nanopartículas no lubrificante a uma concentração de 0,005%, observou-se uma diminuição significativa de 25% no coeficiente de atrito. A utilização de nanolubrificante permite reduzir o trabalho do compressor e a necessidade de potência do sistema, aumentar a capacidade de refrigeração e o caudal de refrigerante e aumentar o COP e o EER. Com concentrações de 0,005% de nanolubrificante, o aumento máximo do COP e do EER foi determinado em 39,2% e 52,7%, respetivamente. O limite de concentração de nanopartículas (SiO2-TiO2/PVE) foi fixado em 0,005%, uma vez que uma concentração mais elevada poderia resultar num desempenho de lubrificante puro.

2.5 Resultados da análise da literatura

Após uma revisão exaustiva da literatura, foi encontrada uma quantidade suficiente de trabalhos de investigação relacionados com o melhor refrigerante e os nanolubrificantes mono e híbridos. A revisão da literatura permitiu extrair os seguintes resultados;

- Ao contrário do fluido frigorigéneo R134a, o R600a tem um ODP e um GWP muito inferiores. Como resultado, o fluido frigorigéneo R600a é mais amigo do ambiente e tem melhores capacidades energéticas do que outros fluidos frigorigéneos naturais como o R134a.
- O refrigerante isobutano R600a tem um volume específico mais pequeno do que o R134a, o que significa que, para um determinado rácio de pressão constante, o compressor pode lidar com um volume menor, exigindo menos energia da fonte de alimentação.
- O fluido frigorigéneo R600a é mais eficiente em termos energéticos e capaz de proporcionar mais refrigeração a baixas temperaturas do evaporador do que o R134a.
- O desempenho energético e exergético do sistema de refrigeração por compressão de

vapor com base no R600a é significativamente melhorado quando comparado com o sistema VCR com base no R134a.

• A inflamabilidade do refrigerante R600a pode ser controlada através de medidas de segurança adequadas, ou seja, a) A quantidade de refrigerante utilizada não deve exceder 150 g, b) Os elementos eléctricos devem ser mantidos afastados do componente que transporta o refrigerante, c) As partes importantes do frigorífico doméstico não devem ter fugas.

• No compressor do sistema VCR, o lubrificante é um dos fluidos de trabalho cruciais, que lhes confere a lubrificação adequada para evitar a fricção excessiva das chumaceiras e reduzir a temperatura do refrigerante durante a compressão. A principal função da circulação do óleo é assegurar a existência de uma película fina para lubrificação de peças mecânicas, como pistões, bielas, etc., para as proteger contra o desgaste. O papel secundário do óleo lubrificante é ajudar na evacuação de impurezas químicas ou depósitos nos circuitos de refrigeração. Também influencia o fluxo e as caraterísticas de transferência de calor no evaporador, condensador, tubos capilares e compressor.

• A eficiência do compressor pode ser aumentada ainda mais através da utilização de fluidos adequados para maximizar o desempenho e minimizar o consumo de energia.

• A incorporação de nanopartículas no lubrificante foi sugerida como sendo útil devido à sua capacidade de aumentar o desempenho do sistema VCR devido ao aumento das propriedades termofísicas, como a condutividade térmica, que afecta a taxa de transferência de calor tanto no evaporador como no condensador do sistema VCR.

• As quantidades crescentes de nanopartículas melhoram consideravelmente a viscosidade e a condutividade térmica do lubrificante.

• Para preparar com êxito o nanolubrificante, devem ser cumpridos quatro requisitos. (i) dispersibilidade das nanopartículas (ii) estabilidade das nanopartículas (iii) compatibilidade química das nanopartículas (iv) estabilidade térmica dos nanolubrificantes. Cada uma destas circunstâncias resultará na formação de um nanolubrificante com as capacidades óptimas de transferência de calor entre as nanopartículas e o lubrificante.

• O processo em duas etapas é amplamente utilizado e tem-se revelado a abordagem mais fiável para a preparação de nanolubrificantes, quer sejam nanolubrificantes mono ou híbridos. No método de duas fases, as nanopartículas iniciais são misturadas no lubrificante de base com a ajuda de um agitador magnético e, subsequentemente, é utilizado um processo de banho ultrassónico para assegurar a mistura uniforme de nanopartículas mono e híbridas em todo o lubrificante de base. Esta técnica em duas etapas é valorizada pela sua simplicidade e fiabilidade na dispersão de nanopartículas em lubrificantes.

• O comportamento tribológico e reológico das várias combinações de nanolubrificantes híbridos revela que os nanolubrificantes híbridos têm melhor resistência anti-desgaste e uma redução do coeficiente de atrito em comparação com os nanolubrificantes simples. Esta melhoria nas propriedades tribológicas dos lubrificantes reduz a carga de trabalho do compressor durante o acionamento do sistema, resultando num aumento do COP e numa poupança de energia para o sistema de refrigeração.

• Os nanolubrificantes híbridos têm sido amplamente utilizados para aumentar a condutividade térmica e melhorar o desempenho da transferência de calor em sistemas de refrigeração, para além da sua utilização na lubrificação.

• A incorporação do nanolubrificante híbrido melhorou o desempenho do sistema VCR quando o volume ou a fração de peso das nanopartículas sólidas aumentou. No entanto, se o aumento do volume ou da concentração de massa não for o ideal, ocorrerá a aglomeração das nanopartículas.

• A quantidade de mistura de nanopartículas híbridas no lubrificante de base tem um efeito significativo nas propriedades térmicas e hidráulicas dos nanolubrificantes compostos, incluindo a condutividade térmica e a viscosidade dinâmica. É fundamental determinar a proporção exacta da composição das nanopartículas na mistura híbrida para garantir que o nanolubrificante híbrido final apresente um comportamento fluido newtoniano. A proporção óptima é essencial para obter as propriedades necessárias do nanolubrificante, nomeadamente em termos de comportamento do fluxo e de eficiência da transferência de calor. Como resultado, a implementação prática de nanofluidos híbridos em sistemas de transferência de calor beneficiará da sua maior condutividade térmica e menor viscosidade, conduzindo potencialmente a um maior desempenho numa variedade de aplicações industriais.

2.6 Lacunas de investigação

Depois de concluída a revisão da literatura, são enumeradas as seguintes lacunas de investigação, que mostram uma forma de realizar o trabalho atual de nanolubrificantes híbridos no desempenho do equipamento de ensaio do ciclo de refrigeração por compressão de vapor.

1. Foram realizados numerosos estudos que relataram a utilização de vários mononanolubrificantes no sistema de refrigeração por compressão de vapor, mas a utilização de nanolubrificantes híbridos nos parâmetros do processo do sistema VCR é limitada.

2. Existem poucos estudos para calcular a eficiência da lei 2nd do sistema VCR utilizando nanolubrificantes híbridos.

3. Os investigadores já investigaram o desempenho da lei 1st e da lei 2nd do sistema VCR utilizando mono nanopartículas. Muito pouca pesquisa foi feita para demonstrar o desempenho de segunda lei do sistema VCR usando diferentes nanolubrificantes híbridos.

2.7 Objectivos do presente trabalho de investigação

O objetivo deste estudo é preencher a lacuna na literatura disponível, identificando ou desenvolvendo nanolubrificantes híbridos adequados que possam produzir uma taxa de transferência de calor mais elevada no evaporador e no condensador do sistema VCR, bem como reduzir o COF e também a taxa de desgaste no interior do compressor.

Os principais objectivos do presente trabalho de investigação são os seguintes

> O principal objetivo do trabalho de investigação proposto é aumentar o desempenho térmico de um sistema VCR baseado em R600a utilizando nanolubrificantes híbridos.

> Reduzir o consumo de energia através da diminuição da potência de entrada do compressor e aumentar o efeito de refrigeração no sistema de refrigeração por compressão de vapor, utilizando o nanolubrificante híbrido proposto (TiO_2-SiO_2/MO) e (CuO-Al_2O_3/MO).

> Comparação do desempenho energético e exergético de um sistema VCR baseado num nanolubrificante híbrido em relação a um lubrificante de compressor puro que é MO.

> Determinar a carga de massa óptima do refrigerante R600a sob limite controlado para o equipamento de teste do ciclo de refrigeração por compressão de vapor proposto.

CAPÍTULO - 3

METODOLOGIA

Neste capítulo, após a conclusão da pesquisa bibliográfica de trabalhos anteriores relacionados, observou-se que a literatura existente sobre nanolubrificantes híbridos está principalmente preocupada com a condutividade térmica, viscosidade e comportamento reológico e, particularmente, com a análise de energia no sistema de refrigeração por compressão de vapor. Na presente investigação, o estudo energético e exergético de um sistema de VCR foi investigado utilizando o nanolubrificante híbrido proposto (TiO2-SiO2/MO) e (CuO-Al2O3/MO) com uma carga de massa variável de refrigerante R600a (ou seja, 80g, 100g e 120g) e comparado com a condição de lubrificante puro sem utilização de quaisquer nanopartículas.

3.1 Caracterização XRD das nanopartículas propostas

A técnica de difração de raios X é uma técnica inofensiva que fornece detalhes exactos sobre a composição química, as caraterísticas físicas e a estrutura cristalográfica de um material. A difração de raios X é um excelente instrumento analítico para determinar a estrutura atómica e molecular de materiais cristalinos. Funciona dirigindo um feixe de raios X para uma amostra, o que faz com que os raios X se dispersem em diferentes direcções quando entram em contacto com os átomos da rede cristalina da amostra. O padrão de dispersão, também conhecido como padrão de difração, é recolhido e analisado para obter informações sobre a disposição espacial dos átomos no material. A DRX é amplamente utilizada numa variedade de áreas científicas, incluindo a ciência dos materiais, a química, a geologia e a física, devido à sua capacidade de fornecer informações estruturais abrangentes à escala atómica. Os investigadores podem avaliar o padrão de difração para determinar as caraterísticas essenciais da amostra, tais como a estrutura cristalina, os parâmetros da rede, a composição das fases, o tamanho dos cristais e a orientação. Esta técnica é particularmente valiosa para a caraterização de materiais cristalinos como minerais, metais, cerâmicas, polímeros e produtos farmacêuticos. É não destrutiva e pode ser aplicada tanto a amostras em pó como a amostras de um único cristal [43].

No presente estudo, a análise e a caraterização das nanopartículas foram efectuadas nas instalações do MANIT em Bhopal, na Índia. Isto foi conseguido através da utilização da análise de difração de raios X (XRD), empregando o instrumento de XRD de mesa Bruker D2-PHASER. Os picos observados no padrão de XRD desempenham um papel crucial na identificação das fases presentes, bem como no fornecimento de informações sobre as propriedades das nanopartículas sob investigação. As posições e intensidades de todos os picos para as nanopartículas de TiO2, SiO2, CuO e Al2O3 são apresentadas na **Figura 3.1, Figura 3.2, Figura 3.3 e Figura 3.4**. O padrão de difração de raios X das nanopartículas de TiO2 estava próximo do cartão JCPDS número 21-1272. A análise do padrão XRD revelou que a estrutura do CuO apresentava caraterísticas nanocristalinas, com varrimento que variava entre 20 e 90 graus. A validação das caraterísticas únicas do pico do CuO foi verificada através da referência ao cartão JCPDS n.º (00-045-0937). O padrão XRD do Al2O3 foi digitalizado de 30 a 70 graus e confirmou a natureza nanocristalina do Al2O3 em relação ao cartão JCPDS no. 46-1215. A ausência de outros picos de difração valida a estrutura nanocristalina e a pureza do material. A análise XRD confirmou que a forma das nanopartículas de TiO2, SiO2, CuO e Al2O3 é esférica e a nitidez dos picos indica que as amostras são cristalinas.

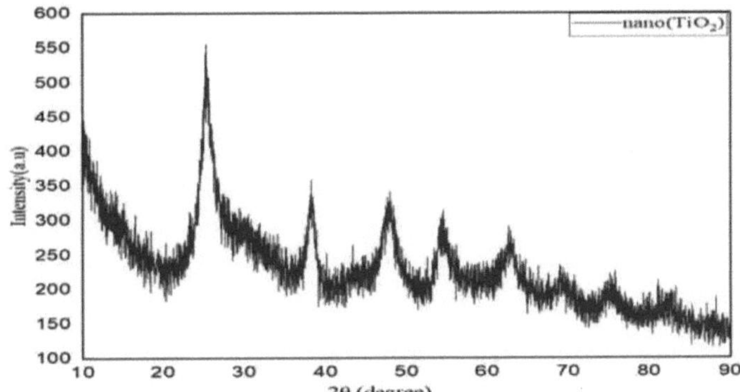

Figura 3.1 Padrão XRD das nanopartículas de TiO2 puro.

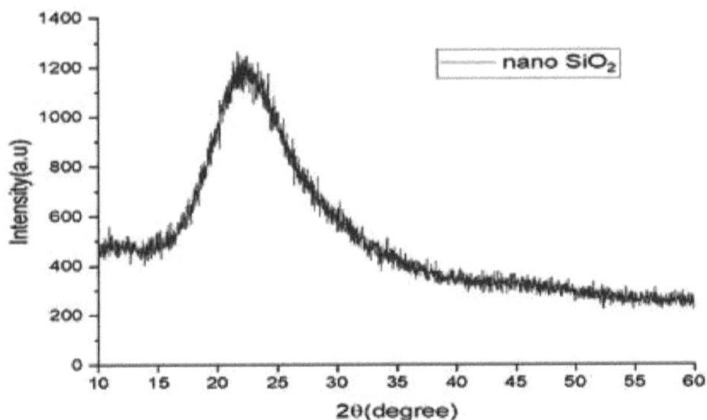

Figura 3.2 Padrão XRD das naopartículas de SiO2 puro.

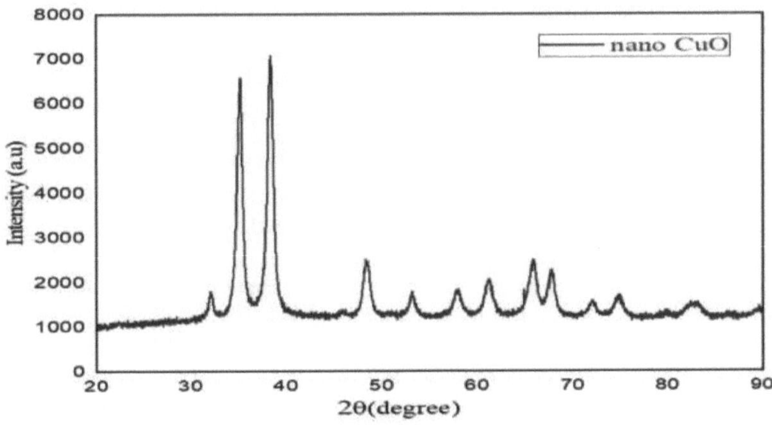

Figura 3.3 Padrão XRD das nanopartículas de CuO puro.

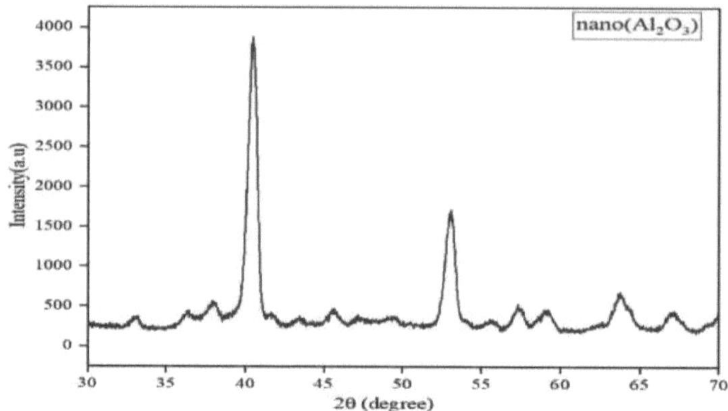

Figura 3.4 Padrão XRD das nanopartículas de Al2O3 puro.

3.2 Preparação de nanolubrificantes híbridos propostos

Neste trabalho proposto, as nanopartículas de TiO2, SiO2, Al2O3 e CuO são adquiridas no Nano Research Lab (NRL) de Jamshedpur, Jharkhand (Índia). As especificações das nanopartículas adquiridas são apresentadas no **quadro 3.1**. Existem duas abordagens viáveis para a produção de nanolubrificantes híbridos: uma fase única e uma fase dupla. A abordagem em duas etapas é habitualmente utilizada para a produção de nanolubrificantes híbridos e já foi recomendada por muitos autores [44], [45], [46], [47]. As nanopartículas de TiO2, SiO2, CuO e Al2O3 são pesadas utilizando um dispositivo de pesagem eletrónica WENSAR PGB 1000, disponível no laboratório do departamento, apresentado na **Figura 3.5**. A razão de mistura de TiO2 e SiO2 é (50/50). As nanopartículas híbridas CuO-Al2O3 são criadas através da combinação de 40% de nanopartículas de CuO e 60% de nanopartículas de Al2O3 e, por conseguinte, a razão de mistura é (40:60). As nanopartículas híbridas (TiO2-SiO2) e (CuO-Al2O3) são misturadas com lubrificante MO adquirido a um fornecedor local. Agora, esta combinação de nanopartículas compósitas com MO é misturada homogeneamente com a ajuda de um agitador magnético DLAB MS-H280M-Pro durante 1 hora à temperatura ambiente. As RPM do agitador magnético são fixadas manualmente e a magnitude das RPM é de 1500. Uma técnica bem estabelecida para reduzir a sedimentação e a formação de aglomerados em nanofluidos é a sonificação. Neste procedimento, é utilizado um sonicador de banho para sonicar as nanopartículas híbridas e o lubrificante do compressor, que é normalmente uma mistura de óleo mineral.

Este método evita que as nanopartículas se depositem ou se aglomerem, dispersando-as uniformemente pelo lubrificante, melhorando a estabilidade e o desempenho geral do nanofluido. O peso das nanopartículas foi determinado com uma balança digital (modelo WENSAR PGB 1000). Antes de incorporar o lubrificante do compressor MO nas nanopartículas, o volume necessário foi adquirido utilizando um recipiente de medição e o lubrificante do compressor foi sujeito a sonificação com a ajuda do agitador magnético DLAB MS-H280M-Pro. Esta metodologia metódica estabelece a base para o processo de sonificação, garantindo um controlo preciso sobre as quantidades de nanopartículas e lubrificante. Neste estudo, são utilizados 500 ml de MO para realizar a experiência. Utilizando o método de duas etapas, são obtidas misturas homogéneas de (TiO2-SiO2/MO) e (CuO-Al2O3/MO), apresentadas na **Figura 3.6** e na **Figura 3.7**.

Figura 3.5 Balança eletrónica WENSAR PGB 1000.

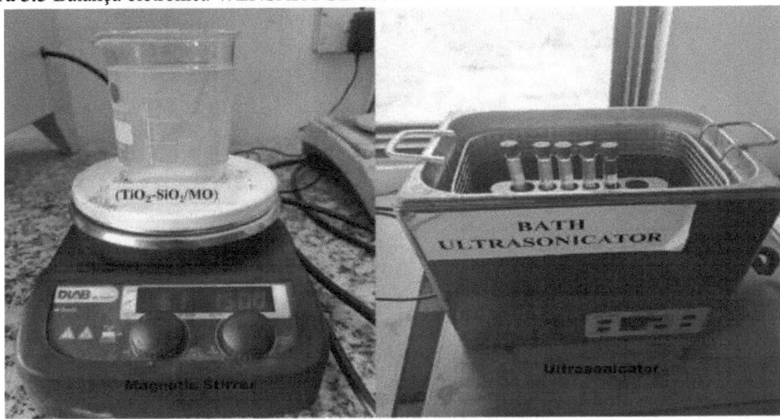

Figura 3.6. Método em duas etapas para a produção de nanolubrificante híbrido TiO2-SiO2/MO.

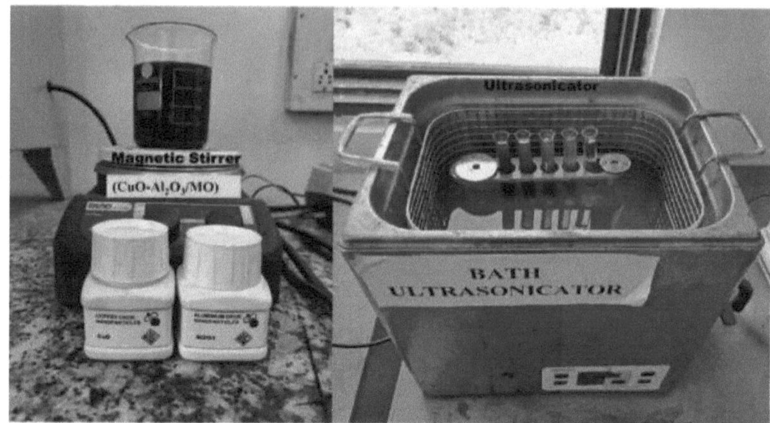

Figura 3.7. Método em duas etapas para a produção de nanolubrificante híbrido CuO-Al2O3/MO.

Figura 3.8. Amostras de nanolubrificantes híbridos em diferentes concentrações.

Tabela.3.1 Especificações das nanopartículas de TiO2, SiO2, CuO e Al2O3.

S.N.	Variáveis	TiO2	SiO2	CuO	Al2O3
1	pureza	99.5 %	99.5%	99.5 %	99.5%
2	cor	Branco	Branco	Preto para Castanho	Branco
3	APS	10 - 20 nm	10 -20 nm	10 - 20 nm	30 -50 nm
4	Formulário	Pó	Pó	Pó	Pó
5	Forma	Esférico	Esférico	Esférico	Esférico
6	MW	79,86 g/L	60,08g/L	79,545 g/mol	101,6g/mol

Neste estudo, a concentração de nanolubrificantes híbridos variou de 0,1 g/L a 0,4 g/L e não foi utilizado qualquer tensioativo adicional para preparar todas as amostras. As amostras preparadas de (TiO2-SiO2/MO) e (CuO-Al2O3/MO) são apresentadas na **Figura 3.8**. O método de preparação dos nanolubrificantes híbridos (TiO2-SiO2/MO) e (CuO-Al2O3/MO) é apresentado na **Figura 3.9** e na **Figura 3.10**, respetivamente. A representação gráfica do fabrico do nanolubrificante híbrido é apresentada na **Figura 3.11**.

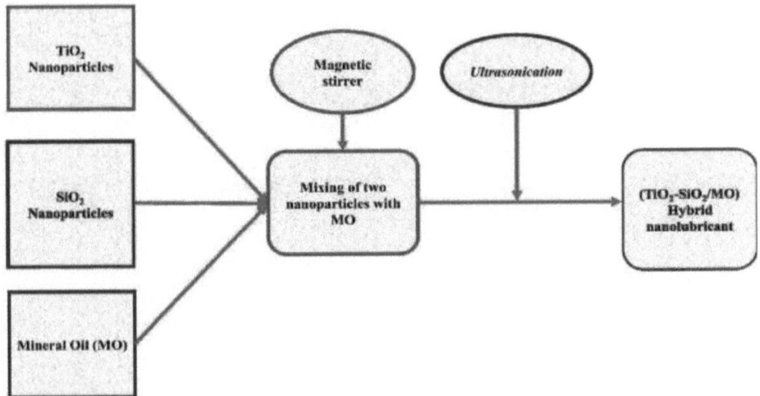

Figura 3.9. Diagrama de fluxo para a preparação do nanolubrificante híbrido (TiO2-SiO2/MO).

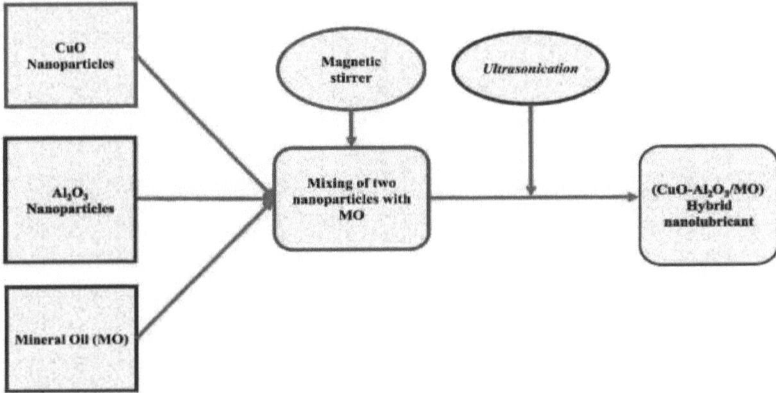

Figura 3.10. Fluxograma para a preparação do nanolubrificante híbrido (CuO-Al2O3/MO).

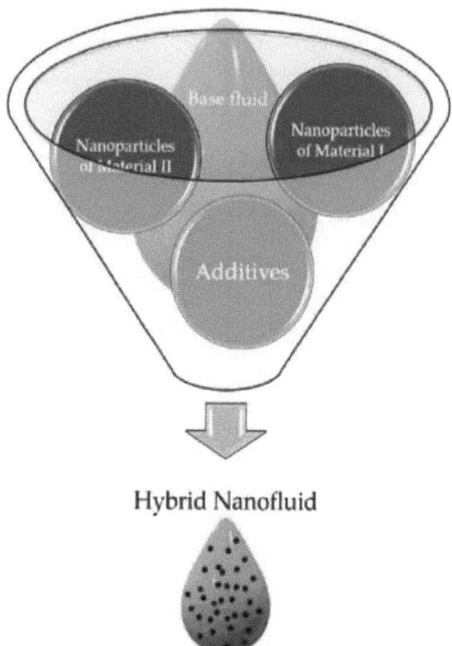

Figura 3.11 Representação gráfica do nanolubrificante híbrido [48].

CAPÍTULO - 4

CONFIGURAÇÃO E PROCEDIMENTO EXPERIMENTAL

Este capítulo oferece uma visão geral pormenorizada da configuração experimental concebida para investigar o desempenho energético e exergético do equipamento de teste do ciclo VCR.

4.1 Detalhes da configuração experimental

No presente estudo, um modelo de equipamento de teste de ciclo de refrigeração computadorizado: RAC11 que trabalha com sistema de refrigeração por compressão de vapor é utilizado para o trabalho experimental mostrado na **Figura 4.1**. As especificações do equipamento de teste de compressão de vapor computadorizado são fornecidas na **Tabela 4.1**. Este equipamento de teste opera com o princípio do sistema VCR. O equipamento de teste de refrigeração por compressão de vapor é composto por 4 componentes elementares: um evaporador, um compressor, um condensador e uma válvula de expansão. A principal função do evaporador é extrair a quantidade de calor da área ou local desejado, de modo a reduzir a temperatura do espaço. O fluido frigorigéneo no interior do evaporador muda de fase, passando de líquido a gasoso, e depois passa para o compressor. O compressor, alimentado principalmente por um motor elétrico, funciona para elevar a pressão e a temperatura do refrigerante. Neste estudo, assume-se que, à entrada do compressor, o refrigerante está saturado a seco. Isto significa que a compressão é 100% seca e que não existe qualquer quantidade de partículas de líquido no interior do compressor. No condensador, o refrigerante, que se encontra a alta pressão e a alta temperatura, é arrefecido por uma ventoinha de arrefecimento, que funciona por convecção forçada e é também alimentada por um motor elétrico. O processo de expansão no equipamento de teste de compressão de vapor é de natureza isentálpica, uma vez que utiliza uma válvula de expansão. Este tipo de processo é irreversível e acaba por contribuir para um aumento da entropia. Durante o processo de expansão, o refrigerante transforma-se de um líquido numa mistura de líquido saturado e vapor saturado, que é conhecido como gás de flash. Este processo cíclico é repetido continuamente para facilitar a experimentação.

O equipamento de teste automatizado oferece vantagens distintas sobre as configurações operadas manualmente devido à sua capacidade de fornecer dados computorizados através de software especializado. Utilizando o software de treino instalado num PC, as experiências podem ser realizadas sem esforço, permitindo a aquisição dos valores de pressão e temperatura necessários em várias fases do sistema (VCR). No ecrã do computador, quando este está ligado ao equipamento de teste do VCR, o visor do monitor mostra todas as leituras de temperatura e pressão apresentadas na **Figura 4.2**. O refrigerante, que está a ser considerado (R600a), é carregado através de um carregador (Kit de Carregamento de Gás) mostrado na **Figura 4.3** com os devidos cuidados [49], e o teste seria executado. As especificações do refrigerante R600a são dadas na **Tabela 4.2**. Os dados necessários são adquiridos usando o PC, que é conectado ao Equipamento de Teste de Ciclo de Refrigeração Computadorizado através de um cabo USB. Este equipamento de teste VCR computorizado melhora a precisão das leituras e da recolha de dados, permitindo assim a realização de um estudo mais preciso e meticuloso.

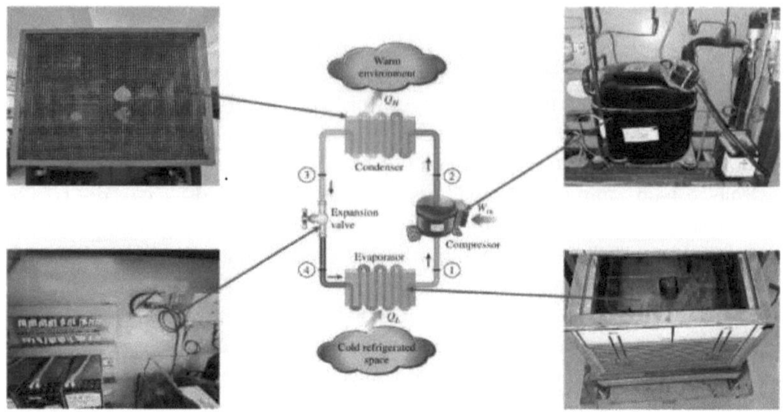

Figura 4.1. Diagrama esquemático do banco de ensaio do ciclo de refrigeração por compressão de vapor.

Tabela 4.1. Especificação do sistema de refrigeração por compressão de vapor computorizado

Nome do componente	Especificação
Refrigerante	R600a
Compressor	Marca: Emerson,
Aquecedor elétrico	Hermeticamente fechado
Condensador	2 n.°s, cada um com 0,5 kW
Evaporador	Refrigerado a ar
Bomba agitadora Transmissor de pressão	Bobina de tubo de cobre imersa em água
	18 Watts, 230V
Sensores de temperatura	A. Alcance: 0-16 Bar, 1 no.
Transmissor de potência	B. Alcance: 0-25 Bar, 1 no
Unidade de interface	Sensores tipo Pt100, 5Nós.
Fornecimento de energia	Entrada: 230V AC Gama: 0 a 1000 W Saída: 4 a 20 mA
	Entrada: 8 canais: I/P: RTD
	Entrada: 8 canais, alimentação: 230V AC Juntamente com
	conversor USB para 485.
	230 V, 50 Hz, monofásico

Tabela 4.2 Especificações do refrigerante R600a

Variáveis	Valores
Fórmula química Peso molecular Temperatura crítica	$(CH_3)3CH$ 58,13 135C 36,45 bar 4,526
Pressão crítica Volume crítico Ponto de congelação	L/kg -159,6C

Figura 4.2. Imagem geral do equipamento de teste computorizado de Refrigeração por Compressão de Vapor.

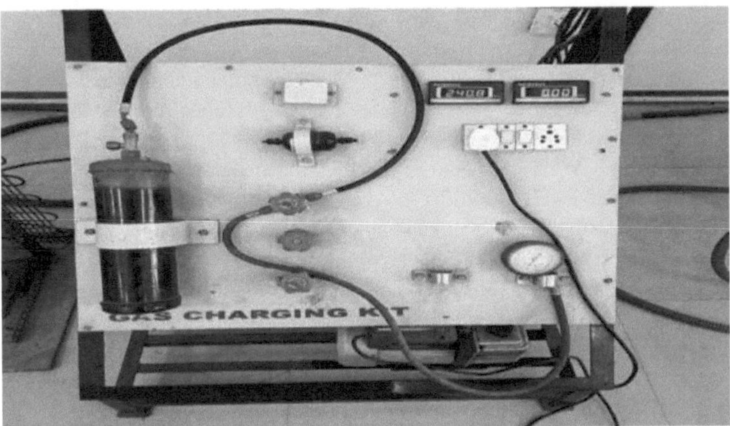

Figura 4.3. Kit de carregamento de gás.

4.2 Procedimento experimental

Neste equipamento de teste, são fornecidos sensores e transmissores de temperatura para obter as várias temperaturas T_1, T_2, T_3, T4 e T5, que são a temperatura do refrigerante na sucção, a temperatura do refrigerante na descarga, a temperatura do refrigerante antes da expansão, a temperatura do refrigerante após a expansão e a temperatura da água no interior do tanque, respetivamente. A pressão do refrigerante na sucção do compressor P1 e na descarga do compressor P2 é medida por dois sensores. O procedimento para iniciar o equipamento de teste de ciclo de refrigeração computadorizado é dado como segue;

1. A água limpa é enchida na câmara de ensaio, até ao nível marcado.

2. O cabo de comunicação está ligado ao PC. Durante a ligação do cabo de comunicação, o PC e o banco de ensaio estão desligados.

3. Ligar o aparelho ligando o interruptor de rede existente no painel de controlo.

4. Ligar o PC e abrir o software.

5. As pressões e temperaturas apresentadas no ecrã principal do software.

6. As temperaturas T_1 e T5 devem ser aproximadamente as mesmas e iguais à temperatura ambiente.

7. O interruptor da bomba do agitador está ligado e, utilizando o agitador, obtém-se um arrefecimento uniforme da água.

8. Ligar o compressor utilizando o interruptor do compressor fornecido no painel de controlo.

9. A pressão P1 e P2 começa a variar e demora 10-15 minutos até o sistema estabilizar, após o que a temperatura da água (T_5) na câmara de ensaio começa a diminuir.

Inicialmente, a experiência é efectuada com MO puro no interior do compressor e a temperatura do reservatório de água é reduzida de 25°C para 5° C. No software de aquisição de dados, a leitura dos parâmetros experimentais como: temperatura, pressão e potência de entrada ou trabalho do compressor é registada com a ajuda do software de treino. Após as leituras, o orifício do compressor é limpo com uma bomba de vácuo acessível no laboratório do departamento, para garantir que não fica qualquer lubrificante puro no interior do compressor. Dois dispositivos de aquecimento também estão incluídos neste equipamento de teste experimental para aumentar a temperatura da água, permitindo que a próxima experiência comece a partir de uma temperatura de base de 25°C.

No presente estudo, nanolubrificantes híbridos (TiO_2-SiO_2/MO) e (CuO-Al_2O_3/MO) com refrigerante R600a foram utilizados no lugar do lubrificante MO puro em um equipamento de teste VCR computadorizado. A carga de massa do refrigerante R600a e a concentração dos nanolubrificantes híbridos variaram de (80g, 100g e 120g) e (0,1g/L a 0,4g/L), respetivamente. Um kit de carregamento de gás foi utilizado para ajustar a carga de massa do refrigerante. Nesta experiência, foi utilizado o refrigerante R600a em vez do R134a devido à sua baixa densidade e baixo GWP. Após a obtenção de resultados de um equipamento de teste VCR computadorizado operando em caso de lubrificante MO puro com cada carga em massa de refrigerante R600a, o óleo mineral do compressor é substituído por nanolubrificante híbrido (TiO_2-SiO_2/MO) e (CuO-Al_2O_3/MO) e a concentração varia de (0,1g/L a 0,4g/L) para cada amostra de carga em massa de refrigerante R600a (80g, 100g e 120g). Depois de cada conjunto de leituras, a porta do compressor é limpa com a ajuda de uma bomba de vácuo (VE115N: 1/4HP) juntamente com óleo mineral puro para remover quaisquer restos de nanopartículas no interior da porta do compressor. Foram também recolhidos dados de temperatura e pressão para determinar a potência de entrada, o COP e a exergia (disponibilidade). Para garantir uma maior precisão e repetibilidade, cada experiência é repetida três a quatro vezes, variando a concentração de nanopartículas híbridas de cada vez. Os atributos termofísicos do refrigerante são derivados da base de dados de propriedades do software REFPROP 9.1. Esses dados são então utilizados para calcular a irreversibilidade de cada componente do sistema (VCR), incluindo o compressor, o condensador, o tubo capilar e o evaporador. As precisões dos instrumentos de medição, juntamente com outros pormenores, são apresentadas na **Tabela 4.3.**

Tabela 4.3 Especificações dos instrumentos de medição.

Parâmetro	Instrumentos	Gama	Exatidão (%)
Temperatura	Sensores tipo Pt 100	-50 $°C$ - 100 $°C$	±1
Pressão	Manómetros de pressão	0- 16 bar (LP)	±1
		0 - 25 bar (HP)	
Consumo de energia	Transmissor de potência	1 - 1000W	±1
Massa do refrigerante e do lubrificante	Balança eletrónica digital (WENSAR-TTB 31)	1 - 30,000 g	±2
Massa das nanopartículas	Balança eletrónica digital (WENSAR PGB 1000)	0.01 - 1000 g	±2

CAPÍTULO - 5

REDUÇÃO DE DADOS E ANÁLISE DE INCERTEZAS

Nesta investigação, os dados recolhidos foram utilizados para calcular o (COP), a potência de entrada do compressor, a destruição total de exergia, a eficiência de segunda lei e o tempo de arranque com diferentes concentrações de nanolubrificante híbrido (TiO2-SiO2/MO) e (CuO-Al2O3/MO), bem como com diferentes cargas de massa de refrigerante. Neste capítulo são descritas a redução de dados e a análise de incertezas. A secção de redução de dados inclui a descrição do cálculo energético e exergético, enquanto a secção de análise da incerteza descreve a precisão dos resultados experimentais.

5.1 Redução de dados

Os frigoríficos, baseados no sistema de refrigeração por compressão de vapor, são equipamentos especialmente concebidos para remover a energia térmica de um meio de baixa temperatura para um meio de alta temperatura. No presente trabalho experimental, o desempenho do equipamento de teste VCR é investigado sob diferentes cargas de massa de refrigerante (80g, 100g e 120g) e diferentes concentrações de nanolubrificantes híbridos (0,1g/L a 0,4g/L) de (TiO2-SiO2/MO) e (CuO-Al2O3/MO). As serpentinas do evaporador do equipamento de ensaio são imersas no tanque de água.

Neste equipamento de teste, os sensores e transmissores de temperatura são fornecidos para obter as várias temperaturas T1, T2, T3, T4 e T5, que são a temperatura do refrigerante na sucção, a temperatura do refrigerante na descarga, a temperatura do refrigerante antes da expansão, a temperatura do refrigerante após a expansão e a temperatura da água dentro do tanque, respetivamente. As seguintes fórmulas foram utilizadas para avaliar o desempenho energético e exergético do equipamento de teste VCR.

5.1.1 Análise energética

O efeito de refrigeração do equipamento de teste VCR dado é calculado pelas Eqs. (5.1). h1 - Entalpia na entrada do compressor. h4 - Entalpia na entrada do evaporador.

$$Q_{evap} = \dot{m}(h_1 - h_4) \ (kW) \qquad (5.1)$$

A energia fornecida ao compressor é dada pela Eqs. (5.2).
h2 - Entalpia à saída do compressor. h1- Entalpia à entrada do compressor.

$$W_{comp} = \dot{m}(h_2 - h_1) \ (kW) \qquad (5.2)$$

O COP ideal do equipamento de ensaio é indicado pela Eqs. (3).

$$COP_{ideal} = \frac{T_e}{T_c - T_e} \qquad (5.3)$$

O COP real do sistema é o rácio entre o efeito de refrigeração e o trabalho do compressor

$$COP_{actual} = \frac{h_1 - h_4}{h_2 - h_1} \qquad (5.4)$$

Aqui, h1, h2, h? e h4 são a entalpia (kJ/kg) à saída do evaporador, a entalpia (kJ/kg) à saída do compressor, a entalpia (kJ/kg) à saída do condensador e a entalpia (kJ/kg) à entrada do evaporador, respetivamente. A temperatura de evaporação do refrigerante é T_e (K), enquanto a temperatura de condensação é Tc (K).

5.1.2 Análise exergética

A destruição de exergia ocorre sempre durante um processo real. As irreversibilidades nos diferentes componentes do sistema VCR geram sempre entropia e destroem sempre exergia, portanto em condições de estado estacionário;

$$Exergy_{in} - Exergy_{out} = X_{dest} \quad (5.5)$$

Onde Exergyin e Exergyout são as exergias totais transmitidas através da massa, calor e trabalho. As Eqs. (5.5) também podem ser escritas como Eqs. 5.6 [50] [51] [52].

$$X_{dest} = \dot{m} \times (a_1 - a_2) + \Sigma \left[Q \left(1 - \frac{T_0}{T_b}\right)\right]_{in} - \Sigma \left[Q \left(1 - \frac{T_0}{T_b}\right)\right]_{out} + \Sigma W_{in} - \Sigma W_{out} \quad (5.6)$$

Aqui, Q representa a taxa de transferência de calor através da fronteira à temperatura Tb. A temperatura ambiente é denotada por To. A exergia específica do refrigerante que circula dentro do sistema VCR é mostrada na Eqs. (5.7).

$$(a_1 - a_2) = (h_1 - h_2) - T_0 \times (s_1 - s_2) + \frac{V_1^2 - V_2^2}{2} + g \times (Z_1 - Z_2) \quad (5.7)$$

As contribuições da energia cinética e da energia potencial são consideradas negligenciáveis nas **Eqs. 5.7**.

De acordo com Gouy-Stodola, a taxa de geração de entropia é diretamente proporcional à irreversibilidade total; assim, se a temperatura ambiente for To e a geração de entropia for ASgen, então

$$X_{total} = T_o \times \Delta s_{gen} \quad (5.8)$$

Passemos agora à aplicação **das Eqs. 5.6** a cada uma das partes do dispositivo de teste do VCR.

- **Destruição de exergia no compressor** (Xdest,comp)

$$\dot{X}_{dest,comp} = \dot{m} \times T_o (s_2 - s_1) \quad (5.9)$$

Aqui, s2 e SI são a entropia específica à saída e à entrada do compressor. To é a temperatura ambiente.

Destruição de exergia no condensador (Xdest,cond)

$$\dot{X}_{dest,cond} = T_o \left[\dot{m} \times (s_3 - s_2) + \frac{\dot{Q}_{cond}}{T_c}\right] \quad (5.10)$$

Onde, s3 e s2 são a entropia específica à saída do condensador e à entrada do condensador e

$$\dot{Q}_{cond} = \dot{m} \times (h_2 - h_3) \quad (5.11)$$

Destruição de exergia na válvula de expansão (Xdest,expa)

$$\dot{X}_{dest,expa} = \dot{m} \times T_o (s_4 - s_3) \quad (5.12)$$

Aqui, S4 e S3 representam a entropia específica à saída e à entrada da válvula de expansão, respetivamente.

- **Destruição de exergia no evaporador** (Xevap)

$$\dot{X}_{dest,evap} = T_o \left[\dot{m} \times (s_1 - s_4) - \frac{\dot{Q}_{evap}}{T_e}\right] \quad (5.13)$$

Aqui, SI e s4 representam a entropia específica à saída e à entrada do evaporador.

A soma da exergia total destruída do sistema VCR é a soma cumulativa das destruições de exergia que ocorrem no compressor, condensador, válvula de expansão e evaporador.

$$\dot{X}_{dest,total} = \dot{X}_{dest,comp} + \dot{X}_{dest,cond} + \dot{X}_{dest,expa} + \dot{X}_{dest,evap} \quad (5.14)$$

A eficiência do ciclo de acordo com a lei 2nd pode assim ser escrita como: *dest_f tot&l*

$$\eta_2 = 1 - \frac{\dot{X}_{dest,total}}{\dot{W}_{comp}} \quad (5.15)$$

Além disso, o rácio entre o COP real e o COP máximo atingível pelo ciclo de Refrigeração por Compressão de Vapor (VCR) equivale à eficiência da lei 2nd. Esta definição de eficiência da lei 2nd engloba toda a destruição de exergia presente no interior do frigorífico, incluindo os processos de transferência de calor entre o ambiente e o espaço de refrigeração.

$$\eta_2 = \frac{COP_{actual}}{COP_{ideal}} \qquad (5.16)$$

Para determinar as propriedades termofísicas do refrigerante (R600a) utilizado neste estudo, foi utilizada a base de dados de propriedades REFPROP 9.1. Depois de efetuar todos os conjuntos de leituras correspondentes à carga de massa variada de refrigerante R600a, (80g, 100g e 120g) e à concentração variada de nano lubrificante híbrido (0,1g/L a 0,4g/L). Todas as seguintes fórmulas matemáticas são aplicadas para obter resultados.

5.2 Análise da incerteza

Neste inquérito, é bastante difícil para o instrumento de medição medir com exatidão a quantidade física. Devido ao erro instrumental, aos erros físicos e humanos, as incertezas estão sempre presentes aquando da medição de qualquer quantidade física. O cálculo da incerteza é um cálculo muito importante para a configuração experimental, a fim de conhecer a exatidão de cada análise experimental. Nesta secção, é explicado o método de cálculo da incerteza [53],[54],[55].

A incerteza dos parâmetros é calculada da seguinte forma

$$W_R = \left[\left(\frac{\partial R}{\partial x_1} W_1 \right)^2 + \left(\frac{\partial R}{\partial x_2} W_2 \right)^2 + \cdots + \left(\frac{\partial R}{\partial x_n} W_n \right)^2 \right]^{\frac{1}{2}} \qquad (5.17)$$

Os factores independentes x1, x2, x3, xn e as suas respectivas incertezas w1, w2, w3, wn são representados pela função R. A incerteza dos parâmetros estimados é indicada por W. **As Eqs. 5.17** aplicam-se a parâmetros como: potência do compressor, COP e eficiência da lei 2nd. Descobriu-se que a maior percentagem de incerteza para todos os parâmetros era inferior a 5%. A incerteza calculada para o consumo de energia, o COP, a eficiência da lei 2nd e a destruição total de exergia é de ± 2,4%, ± 4,2%, ± 4,7% e ± 4,9%, respetivamente.

CAPÍTULO - 6

RESULTADOS E DISCUSSÃO

6.1 Introdução

Na presente pesquisa, os estudos experimentais são conduzidos para analisar o desempenho energético (COP, potência de entrada do compressor e tempo de pull-down) e exergético (destruição geral de exergia e eficiência da lei 2nd) de um sistema VCR computadorizado usando nanolubrificantes híbridos (TiO2-SiO2/MO) e (CuO-Al2O3/MO), onde as concentrações de massa do nanolubrificante híbrido variaram de 0,1g/L a 0,4g/L e a carga de massa do refrigerante R600a variou de 80g a 120g.

6.2 Influência dos nanolubrificantes híbridos (TiO2-SiO2/MO) e (CuO-Al2O3/MO) na potência de entrada do compressor

A potência de entrada do compressor do equipamento de teste do ciclo de refrigeração por compressão de vapor variou com a carga de massa do refrigerante e as concentrações de nanolubrificante híbrido simultaneamente, mostradas na **Figura 6.1 (a)** para (TiO2-SiO2/MO) e na **Figura 6.1 (b)** para CuO-Al2O3/MO. Com o aumento das concentrações de nanolubrificante híbrido, o consumo de energia diminuiu primeiro e depois aumentou. O consumo de energia do refrigerador também diminuiu e melhorou quando as cargas de massa do refrigerante R600a foram aumentadas. Ao empregar uma carga de massa de 100g do refrigerante R600a, verificou-se que a potência de entrada mínima é obtida a 0,2g/L de concentração de nanolubrificante híbrido. O menor requisito de potência do compressor do equipamento de teste VCR é observado com 100g de carga de massa de R600a usando 0,2g/L de nanolubrificante híbrido (TiO2-SiO2/MO). No caso de (TiO2-SiO2/MO), a potência de entrada do equipamento de teste VCR usando nanolubrificantes híbridos acabou sendo menor do que a carga de massa de refrigerante de 80g com lubrificante puro na faixa de (2,20-13,46%).

O efeito do nanolubrificante híbrido (CuO-Al2O3/MO) com a variação da carga de massa do refrigerante R600a na potência consumida pelo compressor é mostrado na **Figura 6.1 (b)**. Com o aumento da concentração do nanolubrificante híbrido, o trabalho do compressor diminuiu inicialmente e depois aumentou. O trabalho do compressor também diminuiu e aumentou quando a carga de massa do refrigerante aumentou de 80g para 120g. O menor consumo de energia do compressor do equipamento de teste VCR é observado com 100g de carga de massa de R600a usando 0,2g/L de nanolubrificante híbrido (CuO-Al2O3/MO). A potência do compressor diminuiu de 485,88 W para 371,52 W usando 100g de refrigerante R600a com 0,2g/L de nanolubrificante híbrido em comparação com a carga de massa de 80g com lubrificante puro. A potência do compressor do equipamento de teste VCR acabou sendo menor do que a carga de massa de 80g da linha de base com lubrificante puro na faixa de (2,20-23,53%). A potência do compressor começa por diminuir quando a concentração do nanolubrificante híbrido aumenta, mas depois aumenta gradualmente devido ao comportamento tribológico dos nanolubrificantes híbridos, como o COF e o desempenho da taxa de desgaste. De acordo com o presente estudo, concentrações de nanolubrificantes híbridos até 0,2g/L podem causar uma queda no COF e no nível da taxa de desgaste. Enquanto que concentrações de nanolubrificantes híbridos superiores a 0,2g/L deverão aumentar a taxa de desgaste e o COF.

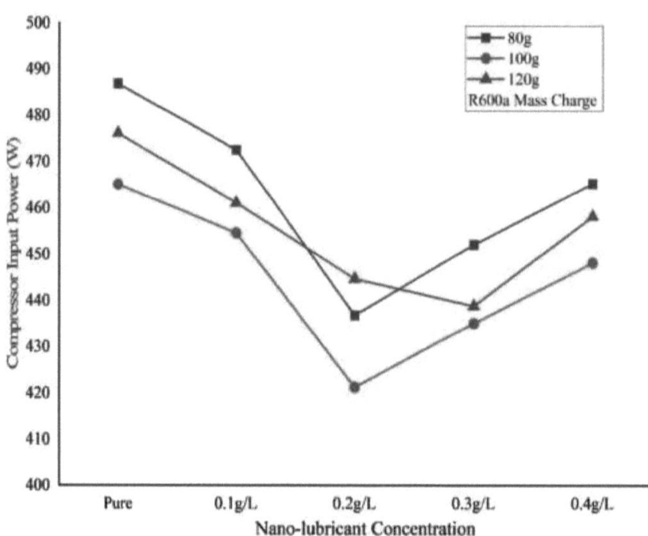

Figura 6.1 (a) Efeito das concentrações do nanolubrificante híbrido (TiO_2-SiO_2/MO) no trabalho do compressor.

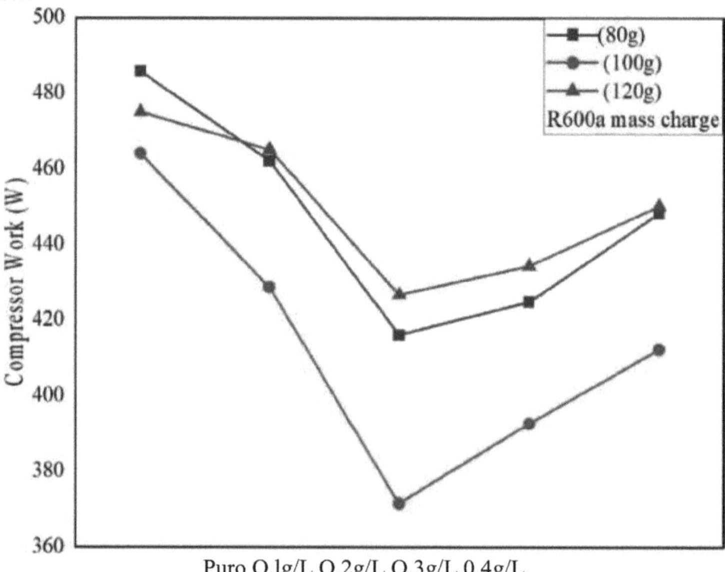

Figura 6.1 (b) Efeito das concentrações do nanolubrificante híbrido (CuO-Al_2O_3/MO) no trabalho do compressor.

O rácio de pressão do compressor foi reduzido pela adição de nanopartículas ao lubrificante puro. Devido a este facto, a incorporação de nanolubrificantes híbridos em comparação com o

48

lubrificante simples puro, a redução da pressão aumentou a eficiência volumétrica do compressor e diminuiu o trabalho do compressor. A temperatura de aspiração e a temperatura de descarga do compressor também diminuíram com a incorporação de nanopartículas híbridas, devido à melhoria do coeficiente de transferência de calor no interior do evaporador e do condensador, o que reduz o trabalho do compressor. Os componentes móveis do compressor sofreram efeitos de reparação, lubrificação, polimento, revestimento e rolamento de esferas devido à presença dos nanolubrificantes híbridos. Todos estes efeitos conduzem a uma diminuição do rácio de pressão e do consumo de energia ou da potência de entrada do equipamento de ensaio VCR utilizando nanolubrificantes híbridos (TiO2- SiO2/MO) e (CuO-Al2O3/MO).

6.3 Influência dos nanolubrificantes híbridos (TiO2-SiO2/MO) e (CuO-Al2O3/MO) no COP

O coeficiente de desempenho do sistema VCR é descrito como a razão entre o efeito de refrigeração e a potência do compressor. As observações do equipamento de teste do VCR indicaram que o COP flutuou, aumentando e diminuindo em resposta a variações na carga de massa do refrigerante e nas concentrações do nanolubrificante híbrido, mostradas na **Figura 6.2 (a)** para os nanolubrificantes híbridos (TiO2-SiO2/MO) e na **Figura 6.2 (b)** para os nanolubrificantes híbridos (CuO-Al2O3/MO). O COP do equipamento de teste VCR aumentou e diminuiu com o aumento da carga de massa de refrigerante e com as concentrações do nanolubrificante híbrido (TiO2-SiO2/MO), mostradas na **Figura 6.2 (a)**. O valor do COP aumenta em concentrações entre 0,1 e 0,2 g/L. O COP diminui para valores entre 0,3 e 0,4 g/L. O COP máximo foi de 2,94 e alcançado a 0,2 g/L de concentração de nanolubrificante híbrido usando 100 g de refrigerante R600a. O equipamento de teste VCR produziu o menor coeficiente de desempenho de 2,14 a 80g de carga de massa de R600a usando lubrificante puro. O COP do equipamento de teste VCR utilizando nanolubrificantes híbridos revelou-se mais elevado do que a carga de massa de 80g de refrigerante de base com lubrificante puro na gama de (0,93-37,38%). O COP do equipamento de teste VCR melhorou devido ao aumento do efeito de refrigeração e à menor potência de entrada em condições de estado estacionário. O efeito de refrigeração do sistema VCR é ainda influenciado pela condutividade térmica e viscosidade dinâmica do lubrificante. A viscosidade dinâmica e a condutividade térmica do nanolubrificante híbrido (TiO2-SiO2/MO) variaram com a concentração de nanopartículas híbridas. A incorporação de nanopartículas híbridas no lubrificante puro aumentou significativamente a condutividade térmica do nanolubrificante composto (TiO2-SiO2/MO). Devido a isso, o efeito de arrefecimento é reforçado, o que conduz a um melhor coeficiente de desempenho.

O efeito do nanolubrificante híbrido (CuO-Al2O3/MO) e da carga de massa variável do refrigerante R600a no coeficiente de desempenho é mostrado na **Figura 6.2 (b)**. À medida que a concentração do nanolubrificante híbrido aumenta, o COP inicialmente aumenta e depois diminui. O COP do equipamento de teste VCR demonstrou variações em resposta a mudanças nas cargas de massa do refrigerante R600a, mostrando mudanças nos valores conforme as cargas foram alteradas entre 80g, 100g e 120g. Os resultados mostraram que o refrigerante R600a a 100g de massa com 0,2g/L de nanolubrificante híbrido (CuO-Al2O3/MO) teve o maior COP no equipamento de teste VCR. O valor COP aumentou de (2,14 para 2,76) usando 100g de refrigerante R600a com 0,2g/L de nanolubrificante híbrido em comparação com a carga de massa de 80g da linha de base com lubrificante de óleo mineral puro. O COP do equipamento de teste do VCR acabou sendo maior do que a carga de massa de 80g da linha de base com lubrificante puro na faixa de (0,9328,97%). A melhoria do COP do sistema em estado estacionário foi atribuída à redução do esforço do compressor e ao maior efeito de arrefecimento. Em particular, os valores mais elevados e mais baixos de COP do equipamento de teste VCR foram atingidos a uma concentração de nanolubrificante híbrido de 0,2 g/L com uma carga de massa de 100g e utilizando lubrificante puro com uma carga de massa de 80g, respetivamente. A introdução de nanopartículas híbridas no lubrificante contribuiu para um aumento do coeficiente de transferência de calor. Este aumento do coeficiente de transferência de calor no evaporador facilitou um efeito de refrigeração mais eficiente, conduzindo consequentemente a um COP melhorado.

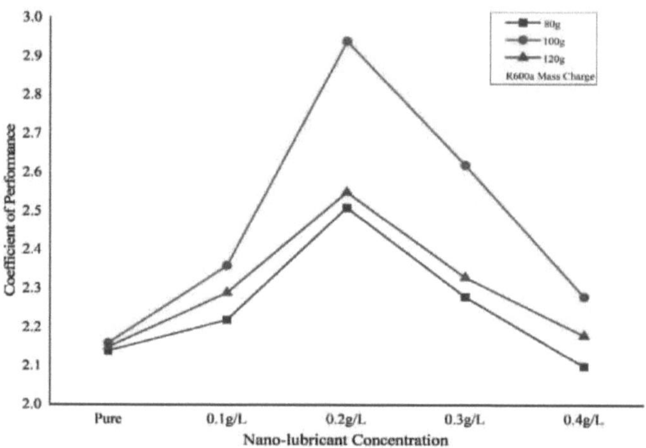

Figura 6.2 (a) Efeito das concentrações do nanolubrificante híbrido (TiO2-SiO2/MO) no coeficiente de desempenho.

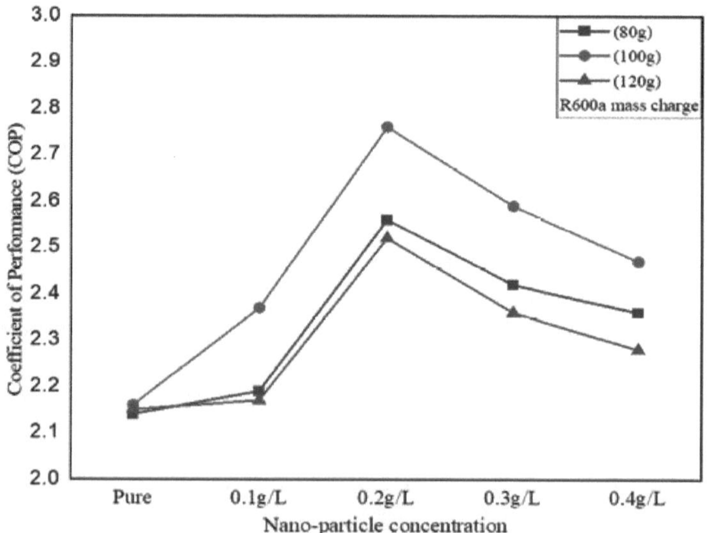

Figura 6.2 (b) Efeito das concentrações do nanolubrificante híbrido (CuO-Al2O3/MO) no coeficiente de desempenho.

6.4 Influência dos nanolubrificantes híbridos (TiO2-SiO2/MO) e (CuO-Al2O3/MO) no tempo de arranque

O tempo de recuo refere-se à duração necessária para diminuir a temperatura do evaporador da condição atmosférica para a temperatura da condição pretendida. Na presente investigação, o impacto do nanolubrificante híbrido (CuO-Al2O3/MO) utilizando uma carga de massa de 100 g, que é a condição de carga óptima do refrigerante R600a, é apresentado na **Figura 6.3**. Inicialmente, usando lubrificante puro, a temperatura do tanque de água do equipamento de teste VCR foi reduzida de 25°C para 5°C. Sem o uso de nanolubrificante, o tempo de pull-down foi observado em 115,35 minutos. O menor tempo de arrancamento foi observado a uma concentração de 0,4g/L com o valor de 85,40 minutos. O tempo de arrancamento do equipamento de teste VCR utilizando o nanolubrificante híbrido (CuO-Al2O3/MO) em concentrações variáveis (0,1g/L a 0,4g/L) foi inferior ao do lubrificante puro em cerca de (13,2825,96%). A diminuição significativa do tempo de arranque foi causada pelo aumento do coeficiente de transferência de calor do nanolubrificante híbrido, juntamente com uma elevada condutividade térmica.

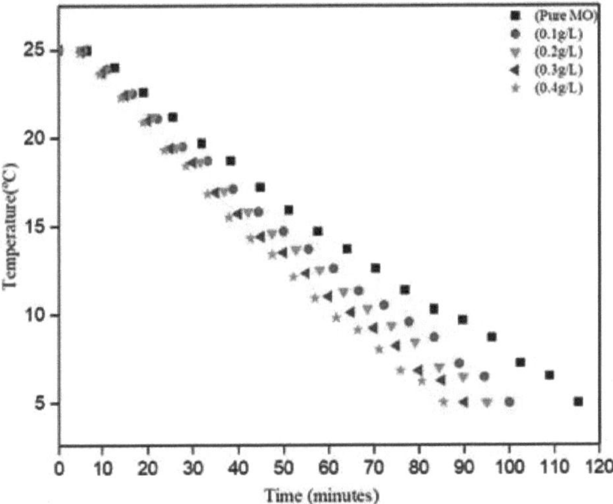

Tempo (minutos)

Figura 6.3 Efeito do nanolubrificante híbrido (CuO-Al2O3/MO) no tempo de arrancamento.

O efeito das concentrações do nanolubrificante híbrido (TiO2-SiO2/MO) no tempo de extração usando 100g de carga em massa (condição de carga ideal do refrigerante R600a) é mostrado na **Figura 6.4**. Após a realização do experimento, observou-se que na concentração de 0,2 g/L de nanolubrificante composto, o tempo de extração foi consideravelmente menor em comparação com o óleo mineral puro. A duração mínima média do pull-down foi de 85,30 minutos com a adição de nanofluido compósito (TiO2-SiO2/MO) utilizando uma concentração de 0,2 g/L. A maior duração registada foi de 114,15 minutos e foi atingida com óleo mineral puro. A duração do ensaio de ciclo VCR computorizado no presente estudo alterou-se quando a concentração do nanofluido compósito (TiO2-SiO2/MO) variou entre 0,1 g/L e 0,4 g/L. De modo geral, o uso de 100g de carga em massa de refrigerante isobutano com concentração de 0,2g/L de nanolubrificante composto (TiO2-SiO2/MO) proporcionou menos tempo de extração em comparação com a condição básica de 100g de R600a/puro MO. Em comparação com a condição de base 100g de R600a/puro MO, o tempo de arrancamento diminuiu em 25,27% utilizando a concentração de 0,2g/L de nanolubrificante composto. Ao empregar uma carga de massa de 100g de refrigerante R600a com concentrações variadas de nanofluido composto (0,1g/L a 0,4g/L), o tempo estimado de extração foi reduzido em 12,37-25,27% em comparação com 100g de R600a/puro MO.

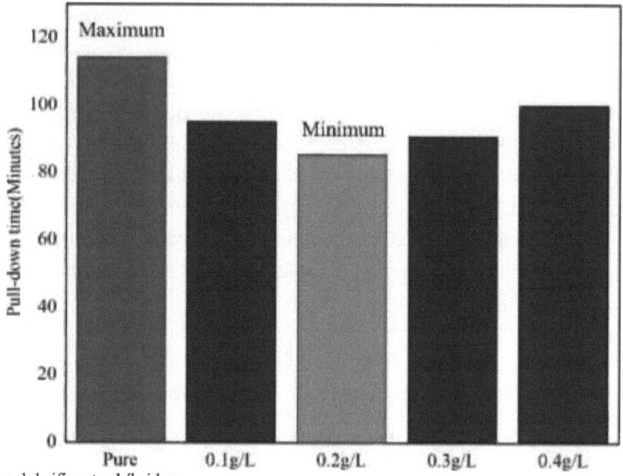

Figura 6.4 Efeito das concentrações do nanolubrificante híbrido (TiO2-SiO2/MO) no tempo de arrancamento.

6.5 Influência dos nanolubrificantes híbridos (TiO2-SiO2/MO) e (CuO-Al2O3/MO) na destruição total de exergia

O efeito dos nanolubrificantes híbridos (TiO2-SiO2/MO) e (CuO-Al2O3/MO) e da carga de massa variável de refrigerante R600a na destruição total de exergia é apresentado na **Figura 6.5 (a)** e na **Figura 6.5 (b)**, respetivamente. No caso do nanolubrificante híbrido (TiO2-SiO2/MO), o valor mais baixo de exergia total destruída foi obtido a 0,2 g/L de concentração de nanolubrificante híbrido utilizando 100 g de carga de massa de refrigerante R600a. No caso do lubrificante puro utilizando 80g de carga de R600a, a exergia destruída foi a mais alta com um valor de 194,75W. A destruição total de exergia usando nanolubrificantes híbridos acabou sendo menor do que a carga de massa de refrigerante de 80g de linha de base com lubrificante puro na faixa de (7,09-50,24%). Utilizando 100g de carga de massa de refrigerante a 0,2g/L de concentração de nanolubrificante híbrido, o valor mais baixo de destruição de exergia foi obtido com um valor de 96,90W.

O efeito do nanolubrificante híbrido (CuO-Al2O3/MO) e da carga de massa variável do refrigerante R600a na destruição total de exergia é apresentado na **Figura 6.5 (b)**. A destruição total de exergia foi mais elevada no caso do lubrificante puro utilizando 80 g de carga mássica de R600a com um valor de 199,21 W. A destruição total de exergia acabou por ser inferior à carga mássica de 80 g de base com lubrificante puro no intervalo de (4,51-49,00%). Com a utilização do nanolubrificante híbrido, a condutividade térmica e o coeficiente de transferência de calor aumentaram, o que reduziu a irreversibilidade interna do equipamento de ensaio do ciclo VCR. Além disso, a destruição total de exergia foi influenciada pela carga em massa do refrigerante R600a, pois contribuiu para um aumento na geração de entropia. Consequentemente, os resultados da presente investigação mostraram que as concentrações de nanolubrificante híbrido (TiO2-SiO2/MO) e (CuO-Al2O3/MO) e a carga de massa de R600a devem ser inferiores a 0,2 g/L e 100 g, respetivamente, para um melhor desempenho do sistema VCR. Os resultados da análise exergética do equipamento de teste do VCR demonstram que o nanolubrificante híbrido (TiO2-SiO2/MO) e o nanolubrificante híbrido (CuO-Al2O3/MO) aumentaram o desempenho do equipamento de teste do VCR quando comparados com o caso do lubrificante puro utilizando 80g de carga de massa de refrigerante.

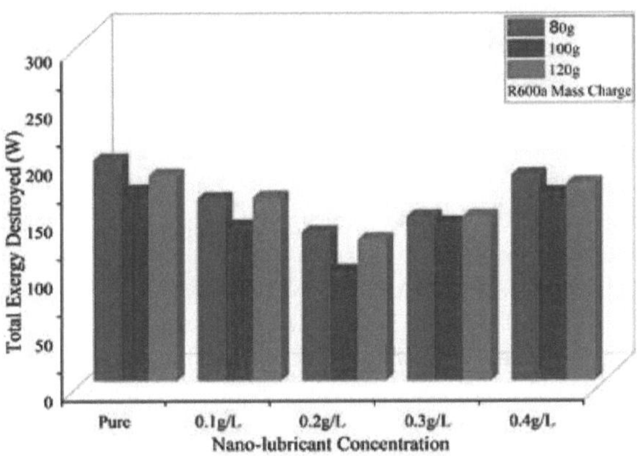

Figura 6.5 (a) Destruição de energia para o nanolubrificante híbrido (TiO2-SiO2/MO).

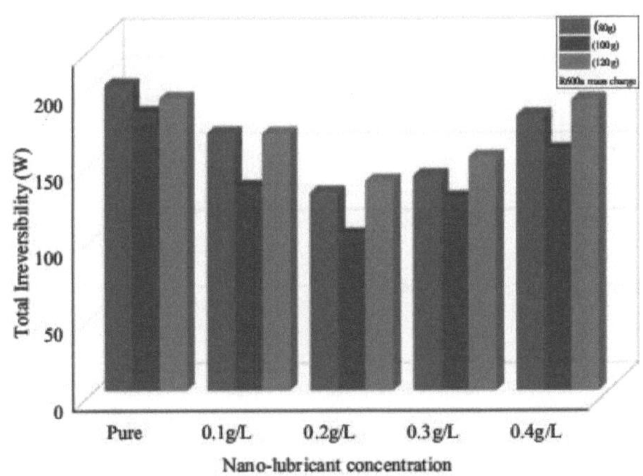

Figura 6.5 (b) Destruição de energia para o nanolubrificante híbrido (CuO-Al2O3/MO).

6.6 Influência dos nanolubrificantes híbridos (TiO2-SiO2/MO) e (CuO-Al2O3/MO) na eficiência de segunda lei

O impacto do nanolubrificante híbrido (TiO2-SiO2/MO) e (CuO-Al2O3/MO) com cargas de massa variáveis de refrigerante R600a na eficiência de segunda lei é apresentado na **Figura 6.6 (a)** e na **Figura 6.6 (b)**. No presente estudo, o valor da eficiência de segunda lei foi calculado usando **as Eqs. 5.15** e validado pelas **Eqs. 5.16**. No caso de ($TiO2-SiO2/MO$), a eficiência de segunda lei aumentou e diminuiu quando a concentração de nanolubrificante híbrido aumentou de 0,1 g/L para 0,4 g/L e a carga de massa de refrigerante aumentou de 80 g para 120 g. Observa-se que a eficiência máxima de segunda lei foi alcançada a 0,2g/L de concentração de nanolubrificante híbrido usando 100g de carga de massa de refrigerante R600a e o valor mínimo foi alcançado com lubrificante puro, usando 80g de carga de massa. O incremento percentual no valor da eficiência da lei 2nd em relação ao cenário de linha de base (ou seja, 80g de R600a/puro MO) foi encontrado na faixa de (3,33 a 28,33%).

No caso de ($CuO-Al2O3/MO$), a eficiência de segunda lei aumentou e diminuiu quando a concentração de nanolubrificante híbrido aumentou de 0,1g/L para 0,4g/L e a carga de massa de refrigerante aumentou de 80g para 120g. A eficiência da segunda lei aumenta inicialmente de 0,1g/L para 0,2g/L, depois diminui de 0,3g/L para 0,4g/L. Devido às propriedades tribológicas associadas às concentrações de nanolubrificantes híbridos, a eficiência da lei de 2nd demonstra um padrão de aumento inicial seguido de uma diminuição subsequente. O valor máximo da eficiência da lei 2nd foi obtido empregando 100g de carga de massa de refrigerante e 0,2g/L de nanolubrificante híbrido ($CuO-Al2O3/MO$). O aumento percentual no valor da eficiência de segunda lei em relação ao cenário de linha de base (ou seja, 80g de R600a/puro MO) foi encontrado na faixa de (3,38 a 25,42%). A eficiência de segunda lei do equipamento de teste VCR aumenta até uma concentração de 0,2 g/L de nanolubrificante híbrido ($CuO-Al2O3/MO$) devido à diminuição do trabalho do compressor. No entanto, quando a concentração de nanolubrificante híbrido excede 0,2g/L, a eficiência de segunda lei do equipamento de teste VCR começa a diminuir.

O presente estudo descobriu que a incorporação de nanopartículas híbridas em óleo mineral puro melhorou a análise de desempenho da lei 1st e da lei 2nd do equipamento de teste VCR.

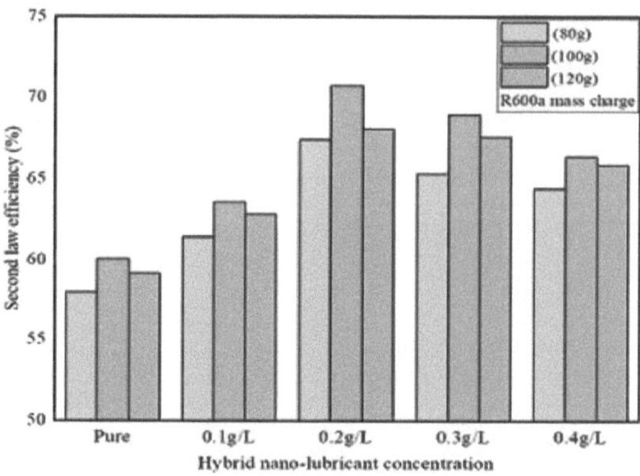

Figura 6.6 (a) Efeito das nanopartículas híbridas (TiO2-SiO2/MO) na eficiência de segunda lei.

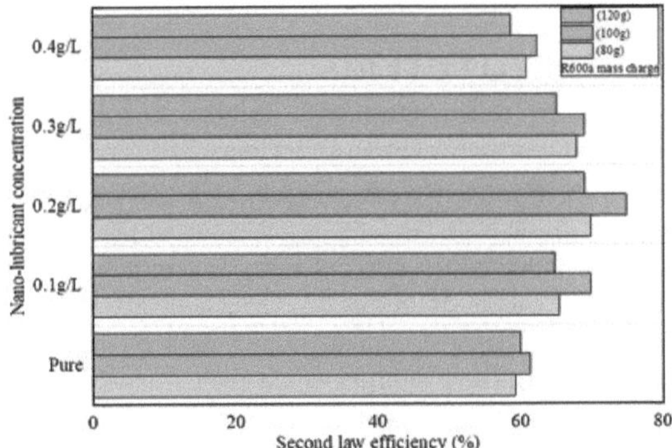

Figura 6.6 (b) Efeito das nanopartículas híbridas (CuO-Al2O3/MO) na eficiência de segunda lei.

CAPÍTULO - 7

CONCLUSÕES E ÂMBITO FUTURO

Neste trabalho experimental, foram efectuados estudos energéticos e exergéticos. A investigação de doutoramento do autor centrou-se no impacto dos nanolubrificantes híbridos e da carga de refrigerante no desempenho do sistema VCR. Neste trabalho, a investigação experimental do equipamento de teste de ciclo de refrigeração computadorizado baseado no sistema VCR foi realizada alterando a concentração de nanolubrificante híbrido (0,1g/L-0,4g/L) utilizando diferentes cargas de massa de refrigerante R600a (ou seja, 80g, 100g e 120g). A análise energética (primeira lei) e a análise exergética (segunda lei) são efectuadas tanto para o caso do nanolubrificante híbrido como para o caso do lubrificante puro. Os resultados mostraram que a adoção de um nanolubrificante híbrido (TiO_2-SiO_2/MO) e (CuO-Al_2O_3/MO) que funciona com o refrigerante R600a aumentou consideravelmente o desempenho energético e exergético do equipamento de ensaio.

Do presente trabalho experimental podem ser retiradas as seguintes conclusões:

> O presente trabalho estudou os efeitos da alteração da concentração de nanolubrificante híbrido (TiO_2-SiO_2/MO) e (QiO-AhC); MO) em um equipamento de teste de Ciclo de Refrigeração Computadorizado utilizando diferentes cargas de massa de refrigerante R600a. De acordo com os dados relatados nesta pesquisa, recomenda-se manter a concentração do nanolubrificante híbrido e a carga de massa do refrigerante abaixo de 0,2g/L e 100g, respetivamente.

> A potência de entrada do compressor foi medida em 421,32 W a 0,2 g/L de nanolubrificante híbrido e 100 g de carga de refrigerante R600a para (TiO_2-SiO_2/MO). A redução percentual na potência de entrada do caso de lubrificante puro, usando 100g de carga de refrigerante, foi de 13,46% a 0,2g/L de concentração de nanolubrificante híbrido. A potência mais baixa do compressor, de 371,52 W, foi obtida com 0,2 g/L de nanolubrificante híbrido (CuO-Al_2O_3/MO), utilizando 100 g de carga de refrigerante R600a. O compressor consumiu mais energia sem adição de nanopartículas empregando 80g de carga de refrigerante R600a com um valor de 485,88 W.

> O maior COP no equipamento de teste VCR foi adquirido usando 100g de massa de R600a na concentração de 0,2g/L de nanolubrificante híbrido (TiO_2-SiO_2/MO). O coeficiente máximo de desempenho alcançado com uma concentração de 0,2 g/L de nanolubrificante híbrido foi de 2,94, utilizando 100 g de refrigerante R600a. O valor máximo de COP foi alcançado utilizando 0,2g/L de nanolubrificante híbrido (CuO-Al_2O_3/MO) com uma carga de 100g de refrigerante R600a, e foi melhorado em até 28,97% em relação à condição inicial (lubrificante puro com carga de massa de 80g). Em geral, os coeficientes de desempenho máximo e mínimo do equipamento de teste VCR foram alcançados com uma concentração de 0,2 g/L de nanolubrificante híbrido usando 100g de carga em massa e lubrificante puro usando 80g de carga em massa, respetivamente.

> A destruição total de exergia foi mais elevada para o lubrificante de óleo mineral puro a 80g de carga de refrigerante R600a com um valor de 194,75 W. O valor ótimo é alcançado a uma concentração de 0,2g/L utilizando 100g de carga de refrigerante e é de 96,90W. Isto significa que o desempenho do sistema melhorou com a utilização do nanolubrificante híbrido TiO_2-SiO_2/MO. A análise exergética revelou que o maior nível de degradação exergética ocorreu com o lubrificante puro. A destruição total mínima de exergia de 101,59 W foi alcançada com 0,2g/L de nanolubrificante híbrido (CuO-Al_2O_3/MO) incorporando uma carga de massa de 100g de

refrigerante.

> A eficiência da segunda lei também melhorou com a utilização do nanolubrificante híbrido TiO2-SiO2/MO e o valor ótimo foi encontrado a 0,2 g/L devido ao aumento do efeito de refrigeração. A eficiência de segunda lei do equipamento de teste VCR aumenta no intervalo de 3,33% a 28,33% utilizando concentrações de nanolubrificante híbrido TiO2-SiO2/MO, quando comparado com a linha de base. A eficiência da segunda lei também melhorou utilizando 0,2g/L de nanolubrificante híbrido (CuO-Al2O3/MO) com uma carga de 100g de refrigerante R600a. O aumento percentual no valor da eficiência de segunda lei em relação ao cenário de linha de base foi encontrado na faixa de (3,38 a 25,42%).

O equipamento de teste de ciclo de refrigeração computorizado resultou numa duração de 115,35 minutos utilizando 80g de carga de massa de refrigerante e zero nanopartículas. A duração mais curta do pulldown de 85,30 minutos foi registada utilizando 0,4 g/L de nanopartículas híbridas com 100 g de carga de massa. Quando se utilizou 0,2 g/L de nanolubrificante híbrido em vez de lubrificante puro, o tempo de extração diminuiu de 115,35 minutos para 95,01 minutos.

7.1 Contribuição do autor

A investigação de doutoramento do autor centrou-se na identificação da melhor combinação de nanolubrificantes híbridos e da carga de massa óptima de refrigerante R600a. Os nanolubrificantes híbridos identificados (TiO2-SiO2/MO) e (CuO-Al2O3/MO) proporcionaram um desempenho térmico superior ao do lubrificante de óleo mineral puro utilizado convencionalmente. Os novos nanolubrificantes híbridos modificados também aumentam o desempenho energético e exergético do equipamento de teste do ciclo VCR devido ao aumento da transferência de calor no evaporador e no condensador. As novas combinações de nanolubrificantes híbridos sugeridas são fáceis de criar utilizando um método simples em duas etapas.

7.2 Âmbito futuro

A investigação experimental de diferentes parâmetros de desempenho do sistema VCR, tais como COP, potência de entrada do compressor, tempo de arranque, destruição total de exergia e eficiência da lei 2nd em diferentes concentrações de nanolubrificante híbrido (TiO2-SiO2/MO) e (CuO-Al2O3/MO) e diferentes cargas de massa de refrigerante R600a são estudadas. A introdução de nanopartículas híbridas no lubrificante não só aumenta o desempenho térmico do sistema VCR como também reforça as propriedades termofísicas do próprio lubrificante. Isto sugere um caminho potencial para mais experiências com diferentes combinações de nanolubrificantes híbridos para otimizar os parâmetros de desempenho e reduzir o consumo de energia em futuros sistemas VCR. No entanto, é crucial efetuar exames minuciosos dos efeitos a longo prazo da utilização de nanopartículas nas propriedades físicas e químicas do sistema. Isto inclui a avaliação de qualquer potencial deterioração dos componentes do sistema de videogravadores quando são utilizados nanolubrificantes. A aplicação de nanopartículas híbridas está a tornar-se cada vez mais popular neste momento, com várias investigações a sublinharem o seu desempenho superior ao das mono nanopartículas. No entanto, a literatura não explica adequadamente a justificação para a utilização de nanopartículas híbridas. Para colmatar estas lacunas, é necessária mais investigação sobre nanopartículas híbridas em nanolubrificantes.

Verificou-se que o COP do sistema VCR aumenta com um maior sub-arrefecimento no interior do condensador. Por conseguinte, as caraterísticas de transferência de calor por condensação do nanolubrificante híbrido devem ser examinadas numa instalação de ensaio experimental dedicada. No presente trabalho de investigação, a influência da humidade relativa foi descartada ao longo de toda a experiência. O efeito da variação da humidade relativa no sistema de refrigeração por compressão de vapor à base de nanolubrificante híbrido pode ser considerado em trabalhos de investigação futuros. É necessária mais investigação para determinar como os diferentes tipos de compressores afectam o desempenho dos sistemas VCR equipados com nanolubrificantes compostos. É essencial lembrar que o desempenho do sistema é influenciado por caraterísticas particulares e condições de operação dos compressores utilizados.

PUBLICAÇÕES DO TRABALHO DE INVESTIGAÇÃO

1. Ankit Kumar & S.P.S. Rajput, "Performance of a computerized refrigeration cycle test rig for varying concentrations of (COO-Al.'C); MO) hybrid nanolubricants and R600a refrigerant charges: An energetic and exergetic approach", Energy Sources, Part A - recovery utilization and environmental effects. Volume: 45, Edição:4, Página: 9975-9992. **(T&F, SCIE, Q2, IF - 2.9)** https://doi.org/10.1080/15567036.2023.2242806

2. Ankit Kumar & SPS Rajput, "Energetic and exergetic analysis of a Vapour Compression Refrigeration test rig in varying concentrations of (TiO.'-SiO' MO) hybrid nano lubricants and R600a refrigerant charges", Energy Sources Part A - recovery utilization and environmental effects. Volume:45, Edição:3, Página: 9118-9132. **(T&F, SCIE, Q2, IF - 2.9)** https://doi.org/10.1080/15567036.2023.2231881

REFERÊNCIAS

[1] J. M. Calm, "The next generation of refrigerants - Historical review, considerations, and outlook," *Int. J. Refrig.*, vol. 31, no. 7, pp. 1123-1133, 2008, doi: 10.1016/j.ijrefrig.2008.01.013.

[2] N. Kumma e S. S. H. Kruthiventi, "Current status of refrigerants used in domestic applications: A review," *Renew. Sustain. Energy Rev.*, vol. 189, no. PB, p. 114073, 2024, doi: 10.1016/j.rser.2023.114073.

[3] J. M. Corberan, J. Segurado, D. Colbourne, and J. Gonzalvez, "Review of standards for the use of hydrocarbon refrigerants in A/C, heat pump and refrigeration equipment," *Int. J. Refrig.*, vol. 31, no. 4, pp. 748-756, 2008, doi: 10.1016/j.ijrefrig.2007.12.007.

[4] M. Rasti, S. Aghamiri, e M. S. Hatamipour, "Melhoria da eficiência energética de um frigorífico doméstico utilizando R436A e R600a como refrigerantes alternativos ao R134a," *Int. J. Therm. Sci.*, vol. 74, pp. 86-94, 2013, doi: 10.1016/j.ijthermalsci.2013.07.009.

[5] M. M. Joybari, M. S. Hatamipour, A. Rahimi, e F. G. Modarres, "Análise exergética e otimização do R600a como substituto do R134a num sistema de frigorífico doméstico," *Int. J. Refrig.*, vol. 36, no. 4, pp. 1233-1242, 2013, doi: 10.1016/j.ijrefrig.2013.02.012.

[6] M. Schenk e L. R. Oellrich, "Investigação experimental do fluxo de refrigerante de isobutano (R600a) através de tubos capilares adiabáticos", *Int. J. Refrig.*, vol. 38, no. 1, pp. 275-280, 2014, doi: 10.1016/j.ijrefrig.2013.08.024.

[7] D. Sanchez, A. Andreu-Nacher, D. Calleja-Anta, R. Llopis, e R. Cabello, "Energy impact evaluation of different low-GWP alternatives to replace R134a in a beverage cooler. Análise experimental e otimização para os refrigerantes puros R152a, R1234yf, R290, R1270, R600a e R744," *Energy Convers. Manag.*, vol. 256, 2022, doi: 10.1016/j.enconman.2022.115388.

[8] J. Soni. V. Gupta e Y. Goshi, "Investigative comparison of R134a, R290, R600a and R152a refrigerants in conventional vapor compression refrigeration system," *Mater. Today Proc.*, no. julho, 2023, doi: 10.1016/j.matpr.2023.07.286.

[9] A. Celen, A. Cebi, M. Aktas, O. Mahian, A. S. Dalkilic, e S. Wongwises, "A review of nanorefrigerants: Flow characteristics and applications," *Int. J. Refrig.*, vol. 44, pp. 125-140, 2014, doi: 10.1016/j.ijrefrig.2014.05.009.

[10] O. A. Alawi, N. A. C. Sidik, e A. S. Kherbeet, "Nanorefrigerant effects in heat transfer performance and energy consumption reduction: A review," *Int. Commun. Heat Mass Transf.*, vol. 69, pp. 76-83, 2015, doi: 10.1016/j.icheatmasstransfer.2015.10.009.

[11] J. Gill, J. Singh, O. S. Ohunakin e D. S. Adelekan, "Análise energética e exergética de um sistema de frigorífico doméstico com GPL em substituição do refrigerante R134a, utilizando lubrificante POE e lubrificantes à base de óleo mineral TiO2-, SiO2- e Al2O3", *Int. J. Refrig.*, vol. 91, pp. 122-135, Jul. 2018, doi: 10.1016/j.ijrefrig.2018.05.010.

[12] J. Gill, J. Singh, O. S. Ohunakin e D. S. Adelekan, "Abordagem de rede neural artificial para análise de desempenho de irreversibilidade do frigorífico doméstico utilizando GPL com lubrificante TiO2 como substituição do R134a", *Int. J. Refrig.*, vol. 89, pp. 159176, maio de 2018, doi: 10.1016/j.ijrefrig.2018.02.025.

[13] O. S. Ohunakin, J. Gill e D. Adelekan, "Desempenho de um frigorífico doméstico movido a hidrocarbonetos com base na concentração variável de nano-lubrificante SiO2", *Int. J. Refrig.*, vol. 94, pp. 59-70, 2018, doi: 10.1016/j.ijrefrig.2018.07.022.

[14] O. O. Ajayi, "Investigação do efeito do R134a/Al2O3 -nanofluido no desempenho de um sistema doméstico de refrigeração por compressão de vapor", *Procedia Manuf.*, vol. 35, pp.

112-117, 2019, doi: 10.1016/j.promfg.2019.05.012.

[15] D. S. Adelekan e O. Ohunakin, "Performance of a domestic refrigerator in varying ambient temperatures, concentrations of TiO2 nanolubricants and R600a refrigerant charges," *Heliyon*, vol. 7, no. 2, p. e06156, 2021, doi: 10.1016/j.heliyon.2021.e06156.

[16] D. M. Madyira, T. O. Babarinde e P. M. Mashinini, "Melhoria do desempenho do R600a com nanolubrificante de grafeno em um refrigerador doméstico como um substituto potencial para o R134a", *Fuel Commun.* outubro de 2021, p. 100034, 2022, doi: 10.1016/j.jfueco.2021.100034.

[17] M. Z. Sharif, W. H. Azmi, A. A. M. Redhwan, R. Mamat, and T. M. Yusof, "Analyse de la performance du nanolubrifiant SiO2/PAG dans un systeme de conditio nnement d'air automobile," *Int. J. Refrig.*, vol. 75, pp. 204-216, 2017, doi: 10.1016/j.ijrefrig.2017.01.004.

[18] M. J. Akhtar e S. P. S. Rajput, "Análise do desempenho de uma fábrica de gelo utilizando R134a/POE misturado com nano-refrigerantes MWCNTs - Uma abordagem experimental," *Int. J. Refrig.*, vol. 155, no. May, pp. 333-347, 2023, doi: 10.1016/j.ijrefrig.2023.08.009.

[19] M. R. Salem, "Melhoria do desempenho de um sistema de refrigeração por compressão de vapor usando mistura R134a/MWCNT-óleo e trocador de calor de sucção de líquido equipado com turbulador de fita torcida", *Int. J. Refrig.*, vol. 120, pp. 357-369, 2020, doi: 10.1016/j.ijrefrig.2020.09.009.

[20] M. Z. Sharif, W. H. Azmi, A. A. M. Redhwan, e R. Mamat, "Etude de la conductivite thermique et de la viscosite de nanolubrifiant Al2O3/PAG applique au systeme de conditionnement d'air d'automobile," *Int. J. Refrig.*, vol. 70, pp. 93-102, 2016, doi: 10.1016/j.ijrefrig.2016.06.025.

[21] S. S. Sanukrishna e M. Jose Prakash, "Estudos experimentais sobre o comportamento térmico e reológico do nanolubrificante TiO2-PAG para sistema de refrigeração", *Int. J. Refrig.*, vol. 86, pp. 356-372, 2018, doi: 10.1016/j.ijrefrig.2017.11.014.

[22] A. A. M. Redhwan, W. H. Azmi, M. Z. Sharif, R. Mamat, e N. N. M. Zawawi, "Estudo comparativo das propriedades termofísicas das nanopartículas de SiO2 e Al2O3 dispersas no lubrificante PAG," *Appl. Therm. Eng.*, vol. 116, pp. 823-832, 2017, doi: 10.1016/j.applthermaleng.2017.01.108.

[23] M. Z. Sharif, W. H. Azmi, N. N. M. Zawawi, e M. F. Ghazali, "Desempenho comparativo do ar condicionado utilizando nanolubrificantes de SiO2 e Al2O3 operando com refrigerante Hydrofluoroolefin-1234yf," *Appl. Therm. Eng.*, vol. 205, no. outubro de 2021, p. 118053, 2022, doi: 10.1016/j.applthermaleng.2022.118053.

[24] D. F. Marcucci Pico, L. R. R. da Silva, P. S. Schneider, e E. P. Bandarra Filho, "Avaliação de desempenho de nanolubrificantes de diamante aplicados a um sistema de refrigeração", *Int. J. Refrig.*, vol. 100, pp. 104-112, 2019, doi: 10.1016/j.ijrefrig.2018.12.009.

[25] Y. G. Joshi, D. R. Zanwar, S. S. Joshi e V. Gupta, "Investigação do desempenho do sistema de refrigeração por compressão de vapor utilizando uma nova nanosuspensão à base de pontos quânticos de grafeno tratados com amina", *Therm. Sci. Eng. Prog.*, vol. 38, no. setembro de 2022, p. 101678, 2023, doi: 10.1016/j.tsep.2023.101678.

[26] T. O. Babarinde e D. M. Madyira, "Assessment of TiO2, Al2O3, and SiO2 nanolubricant with eco-friendly refrigerant as substitute for R134a in a vapour compression system: Uma abordagem experimental", *Energy Reports*, vol. 9, no. S12, pp. 326-331, 2023, doi: 10.1016/j.egyr.2023.10.005.

[27] Z. Said, S. Rahman e M. Shoail, "Nano-refrigerantes e nano-lubrificantes na refrigeração: Synthesis, mechanisms, applications, and challenges," *Appl. Therm. Eng.*, vol. 233, no. May,

p. 121211, 2023, doi: 10.1016/j.applthermaleng.2023.121211.

[28] N. N. M. Zawawi, W. H. Azmi, M. Z. Sharif e G. Najafi, "Experimental investigation on stability and thermo-physical properties of Al_2O_3-SiO_2/PAG nanolubricants with different nanoparticle ratios," *J. Therm. Anal. Calorim.*, vol. 135, n.º 2, pp. 1243-1255, 2019, doi: 10.1007/s10973-018-7670-4.

[29] V. V. Wanatasanappan, M. Z. Abdullah e P. Gunnasegaran, "Propriedades termofísicas do nanofluido híbrido Al_2O_3-CuO com diferentes rácios de mistura de nanopartículas: An experimental approach," *J. Mol. Liq.*, vol. 313, p. 113458, 2020, doi: 10.1016/j.molliq.2020.113458.

[30] J. Shelton, N. K. Saini e S. M. Hasan, "Estudo experimental do comportamento reológico de nanofluidos híbridos TiO2-Al2O3/óleo mineral", *J. Mol. Liq.*, vol. 380, p. 121688, 2023, doi: 10.1016/j.molliq.2023.121688.

[31] S. S. Chauhan, "Avaliação do desempenho da fábrica de gelo operando com R134a misturado com concentração variada de nanolubrificante composto Al_2O_3-SiO_2/PAG por abordagem experimental", *Int. J. Refrig.*, vol. 113, pp. 196-205, maio de 2020, doi: 92 10.1016/j.ijrefrig.2020.01.021.

[32] A. Senthilkumar, E. P. Abhijith, C. Ahammed Ansar Jawhar e Jamshid, "Investigação experimental do nanolubrificante híbrido Al2O3/SiO2 no sistema de refrigeração por compressão de vapor R600a", em *Materials Today: Proceedings*, 2020, vol. 45, pp. 5921-5924. doi: 10.1016/j.matpr.2020.08.779.

[33] A. Senthilkumar, P. V. Abhishek, M. Adithyan e A. Arjun, "Investigação experimental do nano-lubrificante híbrido CuO/SiO2 no sistema de refrigeração por compressão de vapor R600a", em *Materials Today: Proceedings*, 2020, vol. 45, pp. 6083-6086. doi: 10.1016/j.matpr.2020.10.178.

[34] A. Senthilkumar, P. A. Mohammed Sahaluddeen, M. N. Noushad e E. K. Mohammed Musthafa, "Investigação experimental do nano-lubrificante híbrido ZnO / SiO2 no sistema de refrigeração por compressão de vapor R600a", em *Materials Today: Proceedings*, 2020, vol. 45, pp. 6087-6093. doi: 10.1016/j.matpr.2020.10.180.

[35] H. E. A. Mohamed, U. Camdali, A. Biyikoglu, and M. Aktas, "Performance analysis of R134a vapor compression refrigeration system based on CuO/CeO2 mixture nanorefrigerant," *J. Brazilian Soc. Mech. Sci. Eng.*, vol. 44, no. 5, pp. 1-17, 2022, doi: 10.1007/s40430-022-03522-x.

[36] G. Yildiz, "Investigating the impacts of using TiO_2-ZnO/POE hybrid nanolubricant in a heat pump system: An experimental study," *Appl. Therm. Eng.*, vol. 241, no. dezembro de 2023, 2024, doi: 10.1016/j.applthermaleng.2024.122377.

[37] A. Senthilkumar, A. Anderson e M. Sekar, "Performance analysis of R600a vapour compression refrigeration system using CuO/Al2O3 hybrid nanolubricants," *Appl. Nanosci.*, vol. 13, no. 1, pp. 899-915, 2023, doi: 10.1007/s13204-021-01936-y.

[38] A. Senthilkumar, A. Anderson, e S. Alagarsamy, "Melhoria do desempenho e previsão ANN do sistema de refrigeração por compressão de vapor R600a utilizando nanolubrificantes híbridos CuO/Sio2: uma abordagem de conservação de energia," *Neural Comput. Appl.*, vol. 34, no. 6, pp. 4923-4935, 2022, doi: 10.1007/s00521-021-06681-5.

[39] A. Senthilkumar, L. Prabhu e T. Satish, "Enhancement of R600a vapour compression refrigeration system with MWCNT/TiO2 hybrid nano lubricants for net zero emissions building," *Sustain. Energy Technol. Assessments*, vol. 56, no. janeiro, 2023, doi: 10.1016/j.seta.2023.103055.

[40] M. J. Akhtar e S. P. S. Rajput, "Energy and exergy analysis of vapour compression test rig using R134a blended with GN- MWCNT/POE hybrid nano-lubricants," *Energy Sources, Part A Recover. Util. Environ. Eff.*, vol. 46, no. 1, pp. 188-208, 2024., doi: 10.1080/15567036.2023.2281521.

[41] W. H. Azmi, M. F. Ismail, N. N. M. Zawawi, R. Mamat e S. Safril, "Desempenho tribológico e de ar condicionado residencial utilizando nanolubrificante SiO2-TiO2/PVE," *Int. J. Refrig.*, 2024, doi: 10.1016/j.ijrefrig.2024.01.002.

[42] N. N. M. Zawawi, W. H. Azmi, A. H. Hamisa, T. Y. Hendrawati, e A. R. M. Aminullah, "Experimental investigation of air-conditioning electrical compressor using binary TiO2-SiO2 polyol-ester nanolubricants," *Case Stud. Therm. Eng.*, vol. 54, no. janeiro, p. 104045, 2024, doi: 10.1016/j.csite.2024.104045.

[43] G. Gupta, P. K. Sanjram, e D. Deshmukh, "Portable heat exchanger to purify water," *Proc. - 2nd Int. Int. Symp. Stoch. Model. Reliab. Eng. Ciências da Vida. Oper. Manag. SMRLO 2016*, pp. 633-637, 2016, doi: 10.1109/SMRLO.2016.112.

[44] N. A. Che Sidik, M. Mahmud Jamil, W. M. A. Aziz Japar, e I. Muhammad Adamu, "A review on preparation methods, stability and applications of hybrid nanofluids," *Renew. Sustain. Energy Rev.*, vol. 80, no. janeiro de 2016, pp. 1112-1122, 2017, doi: 10.1016/j.rser.2017.05.221.

[45] R. Kumar e J. Singh, "Effect of ZnO nanoparticles in R290/R600a (50/50) based vapour compression refrigeration system added via lubricant oil on compressor suction and discharge characteristics," *Heat Mass Transf. und Stoffuebertragung*, vol. 53, no. 5, pp. 1579-1587, 2017, doi: 10.1007/s00231-016-1921-3.

[46] N. N. M. Zawawi, W. H. Azmi, A. A. M. Redhwan, M. Z. Sharif e M. Samykano, "Investigação experimental sobre as propriedades termofísicas de nanolubrificantes compostos de óxido de metal", *Int. J. Refrig.*, vol. 89, pp. 11-21, 2018, doi: 10.1016/j.ijrefrig.2018.01.015.

[47] P. K. Kanti, P. Sharma, M. P. Maiya e K. V. Sharma, "The stability and thermophysical properties of Al2O3-graphene oxide hybrid nanofluids for solar energy applications: Application of robust autoregressive modern machine learning technique," *Sol. Energy Mater. Sol. Cells*, vol. 253, no. February, p. 112207, 2023, doi: 10.1016/j.solmat.2023.112207.

[48] H. Babar, M. U. Sajid, e H. M. Ali, "Viscosity of hybrid nanofluids: A Critical Review", *Therm. Sci.*, vol. 23, no. 3 Part B, pp. 1713-1754, 2019, doi: 10.2298/TSCI181128015B.

[49] A. Mtibaa, V. Sessa, G. Guerassimoff, e S. Alajarin, "Deteção de fugas de refrigerante em sistemas industriais de refrigeração por compressão de vapor utilizando a aprendizagem automática," *Int. J. Refrig.*, vol. 161, no. fevereiro, pp. 51-61, 2024, doi: 10.1016/j.ijrefrig.2024.02.016.

[50] D. K. Sharma, D. Sharma, e A. H. H. Ali, "Otimização e desempenho termoeconómico de um sistema de arrefecimento por absorção de vapor alimentado a energia solar integrado com armazenamento de energia térmica sensível," *Energy Convers. Manag. X*, vol. 20, no. May, p. 100440, 2023, doi: 10.1016/j.ecmx.2023.100440.

[51] S. Thakur e N. S. Thakur, "Investigational analysis of roughened solar air heater channel having roughened ribs with W-shaped gaps with symmetrical gaps along with staggered ribs," *Energy Sources, Part A Recover. Util. Environ. Eff.*, vol. 45, no. 3, pp. 7389-7404, 2023, doi: 10.1080/15567036.2019.1675815.

[52] D. Thantharate, V e Zodpe, "Experimental and Numerical Comparison of Heat Transfer Performance of Twisted Tube and Plain Tube Heat Exchangers", *Int. J. Sci. Eng. Res.*, vol. 4,

no. 7, pp. 1107-1113, 2013.

[53] T. Sachdev, V. K. Gaba, M. Sharma, e A. K. Tiwari, "Experiments on waste hot water fed still operating with stirring turbulence," *Energy Sources, Part A Recover. Util. Environ. Eff.*, vol. 45, no. 1, pp. 456-472, 2023, doi: 10.1080/15567036.2023.2172102.

[54] U. N. Shete, R. Kumar, e R. Chandra, "Pool boiling heat transfer enhancement of R134a, R32, and R600a using reentrant cavity surfaces," *Exp. Heat Transf.*, vol. 36, no. 4, pp. 528-547, 2023, doi: 10.1080/08916152.2022.2055226.

[55] S. Kakran, R. Kaushal, e V. K. Bajpai, "Estudo experimental e otimização das caraterísticas de desempenho do motor a hidrogénio de ignição por compressão com injeção piloto de gasóleo," *Int. J. Hydrogen Energy*, vol. 48, no. 86, pp. 33705-33718, 2023, doi: 10.1016/j.ijhydene.2023.05.103.

yes
I want morebooks!

Buy your books fast and straightforward online - at one of world's fastest growing online book stores! Environmentally sound due to Print-on-Demand technologies.

Buy your books online at
www.morebooks.shop

Compre os seus livros mais rápido e diretamente na internet, em uma das livrarias on-line com o maior crescimento no mundo! Produção que protege o meio ambiente através das tecnologias de impressão sob demanda.

Compre os seus livros on-line em
www.morebooks.shop

Printed by Books on Demand GmbH, Norderstedt / Germany